化工原理实验

主 编 刘庆旺 吴建伟

北京理工大学出版社
BEIJING INSTITUTE OF TECHNOLOGY PRESS

内 容 简 介

本书共分为五部分，主要内容包括：绪论、化工原理实验数据处理、化工原理实验中常用仪表、化工原理基础实验和附录。实验部分精选全国高校化工原理课程教学指导委员会规定的内容，包括：伯努利方程实验、三管传热实验、筛板精馏实验、吸收与解吸实验、萃取实验、雷诺实验、多功能干燥实验、综合流体力学实验、超临界 CO_2 流体萃取大豆油实验、恒压过滤实验、膜分离实验、温度标定实验、压力仪表标定实验等十三个实验。书末两个附录分别为法定计量单位及换算、化工原理实验中常用数据表。

本书实用性强，主要作为高等院校化学工程与工艺专业及其他相关专业的化工原理实验教材或参考书。

图书在版编目（C I P）数据

化工原理实验 / 刘庆旺，吴建伟主编. -- 北京：
北京理工大学出版社，2023.7
　ISBN 978-7-5763-2665-9

Ⅰ. ①化…　Ⅱ. ①刘…　②吴…　Ⅲ. ①化工原理-实验-高等学校-教材　Ⅳ. ①TQ02-33

中国国家版本馆 CIP 数据核字（2023）第 142102 号

责任编辑：李　薇　　　文案编辑：李　硕
责任校对：刘亚男　　　责任印制：李志强

出版发行 / 北京理工大学出版社有限责任公司
社　　址 / 北京市丰台区四合庄路 6 号
邮　　编 / 100070
电　　话 / （010）68914026（教材售后服务热线）
　　　　　（010）68944437（课件资源服务热线）
网　　址 / http://www.bitpress.com.cn

版 印 次 / 2023 年 7 月第 1 版第 1 次印刷
印　　刷 / 涿州市新华印刷有限公司
开　　本 / 787 mm×1092 mm　1/16
印　　张 / 8.25
字　　数 / 184 千字
定　　价 / 82.00 元

前　言

　　化工原理实验是结合化工原理理论教学开设的实验课程，是化工专业教学中的实践环节。学习和掌握化工原理实验及其研究方法是学生从理论学习到工程应用的重要实践过程。通过化工原理实验学习有助于巩固学生的理论知识，提高学生的工程实践能力，让学生切身体验化工原理实验的实践性，培养学生分析和解决复杂工程问题的能力，进一步拓展学生开展科学研究、开发应用和创新的能力，为化工生产及科学研究培养工程应用型人才。

　　本书根据高等院校化工原理实验教学的实际需要和课程体系的基本要求，结合工程教育专业认证指标体系的人才培养要求，融合淮南师范学院及兄弟院校多年的实验教学经验和改革成果编写而成。本书内容选取注重理论联系实际，突出实验教学中的实践性和工程性，既以化工单元操作实验研究中常用的基础实验技术为主要内容，又与工程实际相结合。本书内容分为绪论、化工实验数据处理、化工实验常用仪表、化工原理基础实验和附录。

　　本书由淮南师范学院刘庆旺、吴建伟主编和统稿，本书在编写过程中得到了魏亦军、胡云虎、徐迈、梁铣、孟莹、徐博，以及其他负责化工原理实验课程教学教师的大力支持和帮助，在此表示衷心的感谢。同时感谢莱帕克（北京）科技有限公司提供的实验设备和技术参数。企业标准和行业需求是本书持续改进的动力之源。

　　由于编者水平所限，疏漏之处在所难免，衷心希望各位专家和使用本书的师生予以批评指正，在此致以最真诚的感谢。

编　者

2022 年 12 月

目　　录

绪　论

　　化工原理（单元操作）课程是化工、环境、生物化工等系或专业的重要基础技术课程。它的历史悠久，已形成了完整的教学内容与教学体系。化工原理课程中所涉及的理论和计算方法是与实验研究紧密联系的。化工原理是建立在实验基础上的课程，因此化工原理实验在这门课程中占有重要的地位。

　　长期以来化工原理实验常以验证课堂理论为主，教学安排上也仅作为化工原理课程的一部分。近20年来，由于化学工程、石油化工、生物工程的飞速发展，要求研制新材料、寻找新能源、开发高科技产品，因此对化工过程与设备的研究提出了更高的要求，新型高效率、低能耗的化工设备的研究也更为迫切。不少高等院校为了适应新形势的要求，加强了学生实践环节的教育，以培养有创造性和有独立工作能力的科技人才。许多教师提出化工原理实验应单独设置课程，制定实验课程的教学大纲，并确立化工原理实验课程在培养学生中的应有地位。

一、化工原理实验的教学目的

　　化工原理实验课程是化工类专业教学计划中的一门必修课程，其教学目的有以下三个。

1. 巩固和深化理论知识

　　化工原理课程中所讲授的理论、概念或公式，学生对它们的理解往往是肤浅的，对于各种影响因素的认识还不深刻，当学生做了化工原理实验后，对于基本原理的理解、公式中各种参数的来源以及使用范围会有更深入的认识。例如离心泵的性能实验，安排了不同转速下泵的性能测定。第一步，让学生固定泵的转速，改变阀门开度，测得一组恒定转速下的泵的性能曲线，再改变泵的转速，按同样操作步骤，可以得到变转速下一系列泵性能曲线；第二步，让学生固定管道中的阀门开度，改变泵的转速，可以得到一根管道性能曲线，再改变管道中的阀门开度，又可以测得改变管道阻力的一系列管道性能曲线。通过实验可测出一系列泵和管道的性能曲线，了解影响泵和管道性能的各种因素，从而帮助学生理解从书本上较难弄懂的概念。

2. 培养学生从事实验研究的能力

　　理工科高等院校的毕业生，必须具备一定的实验研究能力，主要包括：为了完成一定的研究课题，设计实验方案的能力；进行实验，观察和分析实验现象的能力；正确选择和使用测量仪表的能力；利用实验的原始数据进行数据处理以获得实验结果的能力；运用文字表达技术报告的能力。这些能力是进行科学研究的基础，学生只有通过一定数量的基础实验与综合实验练习，才能掌握各种实验能力，通过实验课打下一定的基础，将来参加实际工作就可以独立地设计新实验和从事科研与开发。

3. 培养学生实事求是、严肃认真的学习态度

实验研究是实践性很强的工作，对从事实验者的要求是很高的，化工原理实验课程要求学生具有一丝不苟的工作作风和严肃认真的工作态度，从实验操作、现象观察到数据处理等各个环节都不能有丝毫马虎。如果粗心大意，敷衍了事，轻则实验数据不好，得不出什么结论，重则会造成设备损坏或人身事故。

总之，实验教学对于学生的培养是不容忽视的，对学生动手和解决实际问题能力的锻炼是书本无法代替的。化工原理实验教学对于化工专业的学生来说仅仅是工程实践教学的开始，在高年级的专业实验和毕业论文阶段还要继续提高。

二、化工原理实验的教学要求

化工原理实验对于学生来说是第一次用工程装置进行实验，学生往往感到陌生，无从下手。有的学生又因为是几个人一组而有依赖心理，为了切实收到教学效果，要求每个学生必须做到以下三点。

1. 实验前的预习

学生实验前必须认真地预习实验指导书，清楚地了解实验目的、要求、原理及实验步骤，对于实验所涉及的测量仪表也要预习它们的使用方法。

有计算机辅助教学手段时，让学生进行计算机仿真练习，通过计算机熟悉各个实验的操作步骤和注意事项。学生们在预习和仿真练习的基础上写出实验预习报告。报告内容为实验目的、原理、装置情况、注意事项。最后还要进行现场了解，做到心中有数。经指导教师提问检查后方可进行实验。

2. 实验中的操作训练

实验中的操作训练操作是动手动脑的重要过程，学生一定要严格按照操作规程进行。要安排好测点的范围、测点的数目，明确哪些地方测点要取得密一些，等等。调试时要求细心，操作平稳。对于实验过程中的现象，仪表读数的变化要仔细观察，实验数据要记录在表格内，并注明单位、条件。实验现象要尽量详细记录在记录本内，绝不能记在随便取来的零散纸上，有些当时不能理解的实验现象，重复进行一遍仍然如此，需如实记录下来，待实验结束经过思考后，提出自己的看法或结论。学生应在实验操作中注意培养自己严谨的科学作风，养成良好的习惯。

3. 实验后的总结

实验后的总结是以实验报告的形式完成的。实验报告是一项技术文件，是学生用文字表达技术资料的一种训练，不少学生对实验报告没有给予足够的重视，或者不会用准确的、科学的数字和观点来书写报告，图形表达也缺乏训练，因此，对学生来说，需要严格训练编写实验报告的能力，这对今后写好研究报告和科研论文是必不可少的。

实验报告可在预习报告的基础上完成，它包括以下内容：实验目的、流程和操作步骤，

数据整理（包括一个计算示例）和结论。有时还要加上问题讨论等。

实验报告必须书写工整，图形绘制必须用直尺或曲线板。实验报告是考核实验成绩的主要依据，应认真对待。

三、化工原理实验安全知识

化工原理实验与一般化学实验有共同点，也有其本身的特殊性。为了安全、成功地完成实验，除了每个实验的特殊要求，在这里再提出一些化工原理实验中必须遵守的注意事项和必须具备的安全知识。

1. 化工原理实验安全注意事项

（1）启动设备前必须完成的工作：

①对于泵、风机、压缩机、电动机等转动设备，用手使其运转，从感觉及声响上判别有无异常，检查润滑油位是否正常；

②检查设备上各阀门的开、关状态；

③检查接入设备的仪表开、关状态；

④检查拥有的安全措施，如防护罩、绝缘垫、隔热层等。

（2）使用仪器、仪表前必须做的工作：

①熟悉原理与结构；

②掌握连接方法与操作步骤；

③分清量程范围，掌握正确的读数方法。

（3）实验过程中的注意事项如下。

①操作过程中注意分工配合，严守自己的岗位，精心操作。实验过程中，随时观察仪表指示值的变动，保证操作过程在稳定条件下进行。产生不符合规律的现象时要及时观察研究，分析其原因，不要轻易放过。

②操作过程中设备及仪表发生问题，应立即按停车步骤停车，并报告指导教师。同时应自己分析原因供指导教师参考。未经指导教师同意不得自己处理。在指导教师处理问题时，学生应了解其过程，这是学习分析问题与处理问题的好机会。

③实验结束时应先将与本实验有关的水源、气源、仪表的阀门或电源关闭，然后切断电动机电源。

2. 气瓶安全使用知识

气瓶（又称高压钢瓶）是一种储存各种压缩气体或液化气体的高压容器。气瓶容积一般为 $40 \sim 60$ L，最高工作压力（又称压强）为 15 MPa，最低的也在 0.6 MPa 以上。瓶内压力很高，以及储存的某些气体本身易燃易爆，故应掌握气瓶的构造特点和安全知识，以确保安全。气瓶主要由筒体和瓶阀构成，其他附件还有保护瓶阀的安全帽、开启瓶阀的手轮以及运输过程减少振动的橡胶圈。在使用时，瓶阀口还要连接减压阀和压力表。各类气瓶的表面都应涂上一定颜色的油漆，其目的不仅是防锈，主要是能从颜色上迅速辨别气瓶中所储存气体的种类，以免混淆。常用的各类气瓶的颜色及其标识如表 0-1 所示。

表 0-1 常用的各类气瓶的颜色及其标识

气体种类	工作压力/MPa	水压试验压力/MPa	气瓶颜色	文字	文字颜色
氧	15.0	22.5	浅蓝色	氧	黑
氢	15.0	22.5	暗绿色	氢	红
氮	15.0	22.5	黑色	氮	黄
氩	15.0	22.5	棕色	氩	白
氨	3（液）	6.0	黄色	氨	黑
氯	3（液）	6.0	草绿色	氯	白
乙炔	3（液）	6.0	白色	乙炔	红
压缩空气	15.0	22.5	黑色	压缩空气	白
二氧化碳	12.5（液）	19.0	黑色	二氧化碳	黄
二氧化硫	0.6（液）	1.2	黑色	二氧化硫	白

为了确保安全，在使用气瓶时，一定要注意以下几点。

（1）当气瓶受到明火或阳光等热辐射的作用时，气体因受热而膨胀，使瓶内压力增大。当压力超过工作压力时，就有可能爆炸。因此，气瓶应放在阴凉，远离电源、热源（如阳光、暖气、炉火等）的地方，并加以固定。装有可燃性气体的气瓶必须与装有氧气的气瓶分开存放。

（2）气瓶即使在温度不高的情况下受到猛烈撞击，或不小心将其碰倒跌落，都有可能引起爆炸。因此，搬运气瓶时要戴上瓶帽、橡皮腰圈。要轻搬轻放，不要在地上滚动，避免撞击，防止摔倒，更不允许用金属器具敲打气瓶。

（3）气瓶必须要安装好减压阀后使用。一般情况下，装有可燃性气体的气瓶上阀门的螺纹为反丝，装有不燃性或助燃性气体的气瓶上阀门的螺纹为正丝。各种减压阀绝不能混用。

（4）开、关瓶阀时，一定要按规定方向缓慢转动。旋转方向错误或用力过猛会使螺纹受损，导致瓶阀冲脱而出，引起事故。关闭瓶阀时，不漏气即可，不要关得过紧。使用完毕或搬运气瓶时，关闭瓶阀，并装上瓶阀的安全帽。

（5）氧气瓶的瓶阀、减压阀都严禁沾污油脂。在开启氧气瓶时还应特别注意手上、工具上不能有油脂，扳手上的油应用酒精洗去，待干后再使用，以防燃烧和爆炸。

（6）每次使用气瓶之前都要在瓶阀附近做漏气检查。对于装有易燃、易爆气体的气瓶，除了保证严密不漏气，最好单独放置在远离实验室的隔离间内。

（7）气瓶内气体不能完全用尽，应保持 0.05 MPa 以上的残留压力，以防重新灌气时发生危险。

（8）气瓶需定期送交检验，合格的才能充气使用。

3. 实验室安全消防知识

化工原理实验室内应准备一定数量的消防器材，实验操作人员应熟悉消防器材的存放位置和使用方法，绝不允许将消防器材移作他用。实验室常用的消防器材包括以下六种。

（1）沙箱。易燃液体和其他不能用水灭火的危险品，着火时可用沙子来扑火。它能隔断空气并起降温作用而灭火。但沙中不能混有可燃性杂物，并且要干燥。潮湿的沙子遇火后因水分蒸发，会使燃着的液体飞溅。沙箱存沙有限，实验室内又不能存放过多沙箱，故这种灭火工具只能扑灭局部小规模的火源。对于不能覆盖的大面积火源，因沙量太少而作用不大。此外，还可用不燃性固体粉末灭火。

（2）石棉布、毛毡或湿布。这些器材适用于迅速扑灭火源区域不大的火灾，常用于扑灭衣服着火。其原理是隔绝空气达到灭火的目的。

（3）泡沫灭火器。泡沫灭火器一般分为手提式泡沫灭火器、推车式泡沫灭火器和空气式泡沫灭火器。实验室多用手提式泡沫灭火器，它的外壳用薄钢板制成，内有一个玻璃胆，其中盛有硫酸铝。胆外装有碳酸氢钠和发泡剂（甘草精）。灭火液由 50 份硫酸铝和 50 份碳酸氢钠及 5 份甘草精组成。使用时将灭火器倒置，马上发生化学反应生成含 CO_2 的泡沫，化学反应的方程式为

$$6NaHCO_3 + Al_2(SO_4)_3 == 3Na_2SO_4 + Al_2O_3 + 3H_2O + 6CO_2$$

此泡沫黏附在燃烧物表面上，形成与空气隔绝的薄层而达到灭火目的。它适用于扑灭实验室的一般火灾。对于油类着火，在开始时可使用，但不能用于扑灭电线和电气设备火灾。因为泡沫本身是导电的，这样会造成扑火人触电事故。

（4）四氯化碳灭火器。此灭火器是在钢管内装入四氯化碳并压入 0.7 MPa 的空气，使灭火器具有一定的压力。使用时将灭火器倒置，旋开手阀即喷出四氯化碳。它是不燃液体，其蒸气比空气重，能覆盖在燃烧物表面使其与空气隔绝而灭火。它适用于扑灭电气设备的火灾。但使用时要站在上风侧（因四氯化碳有毒）。室内灭火后应打开门窗通风一段时间，以免中毒。

（5）二氧化碳灭火器。二氧化碳灭火器的钢筒内装有压缩的二氧化碳气体，使用时旋开手阀，二氧化碳就能急剧喷出，使燃烧物与空气隔绝，同时降低空气中含氧量。当空气中含有 12% ~ 15% 的二氧化碳时，燃烧即停止。但使用时要注意防止现场人员窒息。

（6）其他灭火器。干粉灭火器可扑灭易燃液体、气体、带电设备引起的火灾。卤代烷（1211）灭火器适用于扑救油类、电器类、精密仪器类等火灾，其在一般实验室内使用不多，对大量使用可燃物的实验场所应备用此类灭火器。

4. 实验室用水、用电安全

在化工原理实验中，使用循环水系统的场合较多。为了维护大型实验装置的水循环系统的正常运行，应保证循环水箱、循环水泵或高位水槽的严密、完好、畅通。如果发生跑、冒、滴、漏等故障，应及时进行维修。切忌将水渗漏或冲进电气设备。实验室中任何个人不得擅自拆卸、改装供水管道或安装取水龙头。实验完毕后，必须及时关好水闸、水龙头。

化工原理实验室中的电气设备较多，而且某些设备的电负荷也较大，因此，在接通电源之前，必须认真检查电气设备和电路是否符合规定要求，必须清楚整套实验装置的启动和停车操作顺序以及紧急停车的方法。实验室应安装空气开关，其作用是当通过开关的电流超过

一定值时，其自身会发热（利用双金属片受热弯曲的原理）导致开关里面的脱扣装置脱扣，从而切断电源，保护电路不因过大的电流而烧毁。实验室安全用电非常重要，对电气设备必须采取安全措施，同时，参与实验的操作人员也应当严格遵守以下有关操作规定。

（1）进行实验之前必须了解室内总电闸与分电闸的位置，以便出现用电事故时能及时切断电源。

（2）在对电气设备进行检查和维修时，必须切断电源方可作业。

（3）带金属外壳的电气设备必须接地，并定期检查接点是否良好。

（4）电气设备导线的接头应连接牢固，降低接触电阻。裸露的接头部分必须用绝缘胶布包好，或者套上绝缘套管。

（5）所有电气设备应当保持干燥清洁。在其运行时不能用湿布擦拭，更不能有水落于其上。

（6）电源或电气设备上的熔断器都应按规定电流标准使用，严禁私自加粗熔体或采用铜或铝丝代替。当熔断器熔断后，一定要查找原因，消除隐患，然后换上新的熔断器。

（7）电热设备不能直接放在木制实验台上使用，必须用隔热材料垫架，以防引起火灾。

（8）外接电源因故停电时，必须关闭实验使用的所有电闸，并将电压表、电流调节器等调至"零位状态"，以防止因突然供电，电气设备在较大功率下运行而损坏。

（9）合电闸时动作要快，要合得牢。若合闸后发现异常声音或气味，应立即拉闸，进行检查。如发现设备上的熔断器损坏，应立刻检查带电设备是否有问题，切忌不经检查便在换上熔断器后就合闸，从而可能导致设备损坏。

（10）离开实验室前，必须把本实验室的总电闸拉下。

四、实验室规则

实验室规则如下。

（1）准时进入实验室，不得迟到，不得无故缺课。

（2）遵守纪律，严肃认真地进行实验，实验室内不准吸烟，不准大声谈笑歌唱，不得穿拖鞋，不得进行与实验无关的活动。

（3）在没有搞清楚仪器设备的使用方法前，不得启动仪器。实验时要得到指导教师许可后方可开始操作，与实验无关的仪器设备，不得乱摸乱动。

（4）爱护仪器设备，节约水、电、气及药品，开闭阀门时不要用力过大，以免损坏阀门。仪器设备如有损坏，应立即报告指导教师，并于下课前填写破损报告单，由指导教师审核上报处理。

（5）保持实验室及设备的整洁，实验完毕后将仪器设备恢复原状并做好现场清理工作，衣服应放在固定地点，不得挂在设备上。

（6）注意安全及防火，启动电动机前，应观察电动机及其运动部件附近是否有人在工作，合电闸时，应慎防触电并注意电动机有无异常声音。精馏塔附近不准使用明火。

第一章 化工原理实验数据处理

第一节 实验数据的误差分析

1-1-1 误差分析在化工原理实验研究中的重要性

通过实验测量所得大批数据是实验的主要成果，但在实验中，由于测量仪表和人为观察等方面的原因，实验数据总存在一些误差，所以在整理这些数据时，首先应对实验数据的可靠性进行客观的评定。

误差分析的目的就是评定实验数据的精确性或误差，通过误差分析，可以认清误差的来源及其影响，并设法排除数据中所包含的无效成分，还可进一步改进实验方案。在实验中注意哪些是影响实验精确度的主要方面，细心操作，从而提高实验的精确性。

1-1-2 误差的基本概念

一、实验数据的误差来源及分类

误差是实验测量值（包括间接测量值）与真值（客观存在的准确值）之间的差别，可分为以下三类。

1. 系统误差

系统误差是由测量仪器不良（如刻度不准、零点未校），或测量环境不标准（如温度、压力、风速等偏离校准值），或实验人员的习惯和偏向等因素所引起的。这类误差在一系列测量中，大小和符号不变或有固定的规律，经过精确的校正可以消除。

2. 随机误差（偶然误差）

随机误差因一些不易控制的因素所引起的，如测量值的波动，肉眼观察欠准确等。这类误差在一系列测量中的数值和符号是不确定的，而且是无法消除的，但它服从统计规律，也是可以认识的。

3. 过失误差

过失误差主要因实验人员粗心大意，如读数错误、记录错误或操作失误所致。这类误差往往与正常值相差很大，应在整理数据时加以剔除。

二、实验数据的精确度

精确度与误差的概念是相反的，精确度高，误差就小；误差大，精确度就低。

要区别以下概念：测量中所得到的数据重复性的大小，称精密度，它反映随机误差的大小，以打靶为例，图 1-1（a）中弹着点密集而离靶心（真值）甚远，说明精密度高，随机误差小，但系统误差大，即精密度高而正确度低；图 1-1（b）中弹着点分散在靶心附近，随机误差大，但系统误差较小，即精密度低而正确度较高；图 1-1（c）中弹着点密集在靶心附近，系统误差与随机误差均小，精确度高。精确度（或准确度）表示测量结果与真值接近程度，精确度高则精密度与正确度均高。

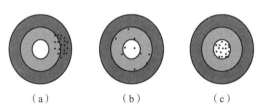

（a）   （b）   （c）

图 1-1   精密度和精确度的示意图

三、实验数据的真值与平均值

真值是待测物理量客观存在的确定值，由于测量时不可避免地存在一定误差，故真值是无法测得的。但是经过细致地消除系统误差和无数次测定，根据随机误差中正负误差出现概率相等的规律，测定结果的平均值可以无限接近真值。但是实际上测量次数总是有限的，由此得出的平均值只能近似于真值，称此平均值为最佳值。计算中可将此最佳值当作真值，或用"标准仪表"（即精确度较高的仪表）所测值当作真值。

化工中常用的平均值有以下 4 个。

（1）算术平均值 x_m。设 x_1，x_2，$\cdots$，x_n 为各次测量值，n 为测量次数，则算术平均值为

$$x_m = \frac{x_1 + x_2 + \cdots + x_n}{n} = \frac{1}{n}\sum_{i=1}^{n} x_i \tag{1-1}$$

算术平均值是最常用的一种平均值，因为测量值的误差分布一般服从正态分布，可以证明算术平均值即为一组等精度测量的最佳值或最可信赖值。

（2）均方根平均值 x_s。

$$x_s = \sqrt{\frac{x_1^2 + x_2^2 + \cdots + x_n^2}{n}} = \sqrt{\frac{\sum_{i=1}^{n} x_i^2}{n}} \tag{1-2}$$

（3）几何平均值 x_c。

$$x_c = \sqrt{x_1 x_2 \cdots x_n} \tag{1-3}$$

（4）对数平均值 x_1。

$$x_1 = \frac{x_1 - x_2}{\ln \dfrac{x_1}{x_2}} \tag{1-4}$$

对数平均值多用于热量和质量传递中，当 $x_1/x_2 < 2$ 时，可用算术平均值代替对数平均值，引起的误差不超过 4.4%。

四、误差的表示法

1. 绝对误差 d

某物理量在一系列测量中，某测量值与其真值之差称为绝对误差。实际工作中常以最佳值（即算术平均值）代替真值，测量值与最佳值之差称为残余误差，习惯上也称为绝对误差：

$$d = x_i - X \approx x_i - x_m \tag{1-5}$$

式中：d——绝对误差；

x_i——第 i 次测量值；

X——真值；

x_m——算术平均值。

若在实验中对物理量的测量只进行一次，则可根据测量仪器出厂鉴定书注明的误差，或取仪器最小刻度值（即分度值）的一半作为单次测量的误差。例如，某压力表注明精（确）度为 1.5 级，即表明该仪表最大误差为量程之 1.5%，若量程为 0.4 MPa，则该压力表最大误差为

$$0.4 \times 1.5\% \ \text{MPa} = 0.006 \ \text{MPa} = 6 \times 10^3 \ \text{Pa}$$

又如，某天平的感量或名义分度值为 0.1 mg，则表明该天平的最小刻度或有把握正确的最小单位为 0.1 mg，即最大误差为 0.1 mg。

化工原理实验中最常用的 U 形管压差计、转子流量计、秒表、量筒、电压表等仪表，原则上均取其分度值为最大误差，而取其分度值的一半作为绝对误差计算值。

2. 相对误差 $e\%$

为了比较不同测量值的精确度，以绝对误差与真值（或近似地与算术平均值）之比作为相对误差：

$$e\% = \frac{d}{|X|} \approx \frac{d}{x_m} \times 100\% \tag{1-6}$$

在单次测量中，有

$$e\% = \frac{d}{x_i} \times 100\% \tag{1-7}$$

式中：d——绝对误差；

$|X|$——真值的绝对值；

x_m——算术平均值。

例 1-1　今欲测量大约 8 kPa（表压）的空气压力，实验仪表分别采用：（1）1.5 级，量程 0.2 MPa 的弹簧管式压力表；（2）标尺分度值为 1 mm 的 U 形管水银柱压差计；（3）标尺分度值为 1 mm 的 U 形管水柱压差计；求相对误差。

解　（1）压力表。

绝对误差 $d = 0.2 \times 0.015 \ \text{MPa} = 0.003 \ \text{MPa} = 3 \ \text{kPa}$；

相对误差 $e\% = 3/8 \times 100\% = 37.5\%$。

（2）水银压差计。

绝对误差 $d=0.5×1×133.3$ Pa $=66.65$ Pa，其中，$133.3=13.6×9.8$（即水银密度×重力加速度）；

相对误差 $e\%=(66.65×10^{-3}/8)×100\%=0.83\%$。

（3）水柱压差计。

绝对误差 $d=0.5×1×9.8$ Pa $=4.9$ Pa，其中，9.8为水的密度×重力加速度；

相对误差 $e\%=(4.9×10^{-3}/8)×100\%=0.061\%$。

可见，用量程较大的仪表测量数值较小的物理量时，相对误差较大。

3. 算术平均误差 δ

算术平均误差是一系列测量值的误差绝对值的算术平均值，是表示一系列测量值误差的较好方法之一：

$$\delta = \frac{\sum_{i=1}^{n} |d|}{n} \tag{1-8}$$

4. 标准误差（均方误差）σ

在有限次测量中，标准误差可用下式表示：

$$\sigma = \sqrt{\frac{\sum_{i=1}^{n}(x_i - x_m)^2}{n-1}} = \sqrt{\frac{\sum_{i=1}^{n} d^2}{n-1}} \tag{1-9}$$

标准误差是目前最常用的一种表示精确度的方法，它不但与一系列测量值中的每个数据有关，而且对其中较大的误差或较小的误差敏感性很强，能较好地反映实验数据的精确度，实验数据愈精确，其标准误差愈小。

1-1-3 实验数据的有效数字与记数法

一、有效数字

实验数据或根据直接测量值的计算结果，总是以一定位数的数字来表示。究竟取几位数才是有效的呢？这要根据测量仪表的精度来确定，一般应记录到仪表分度值的十分之一位。例如，某液面计标尺的分度值为 1 mm，则读数可以到 0.1 mm。若测定时液位高在刻度 524 mm 与 525 mm 的中间，则应记液面高为 524.5 mm，其中前 3 位是直接读出的，是准确的，最后 1 位是估计的，是欠准的或可疑的，称该数据有 4 位有效数字。若测定时液位高恰在524 mm 刻度上，则数据应记作 524.0 mm，若记作 524 mm，则失去了 1 位精密度。

总之，有效数字中有且只有 1 位（末位）欠准数字。

由上述可知，液位高度 524.5 mm 中，最大误差为±0.5 mm。

二、科学记数法

在科学和工程领域中，为了清楚地表达数据的精度，通常将数据写出并在第一位数后加小数点，而数值的数量级由 10 的整数幂来确定，这种以 10 的整数幂来记数的方法称科学记数法。例如，0.008 8 应记为 $8.8×10^{-3}$，88 000（有效数 3 位）记为 $8.80×10^4$。

三、有效数的运算

（1）加减法运算。各不同位数有效数相加减，其和或差的有效数字的位数等于其中位数最少的一个。例如，测得设备进出口的温度分别为 65.58 ℃ 与 30.4 ℃，则：

①温度和：65.58 ℃ + 30.4 ℃ = 95.98 ℃；

②温度差：65.58 ℃ - 30.4 ℃ = 35.18 ℃。

结果中有两位欠准值，这与有效值规则不符，故第二位欠准数应舍去，按四舍五入法，其结果应为 96.0 ℃ 与 35.2 ℃。

（2）乘除法运算。乘积或商的有效数字的位数与各乘、除数中有效数字位数最少的相同。例如，测得管径 $D = 50.8$ mm，其面积为

$$A = \frac{\pi}{4}D^2 = \frac{3.14}{4} × 50.8^2 \text{ mm}^2 = 2.03×10^3 \text{ mm}^2$$

注意：π、e、g 等常数的有效数字的位数可多可少，根据需要选取。

（3）乘方与开方运算。乘方、开方后的有效数与其底数相同。

（4）对数运算。对数的有效数字的位数与其真数相同。例如，$\lg 2.35 = 3.71×10^{-1}$，$\lg 4.0 = 6.0×10^{-1}$。

（5）在 4 个数以上的平均值计算中，平均值的有效数字可比各数据中最少有效数字位数多一位。

（6）所有取自手册上的数据，其有效数字按计算需要选取，但原始数据如有限制，则应服从原始数据。

（7）一般在工程计算中取 3 位有效数字已足够精确，在科学研究中根据需要和仪器的可能，可以取到 4 位有效数字。

从有效数的运算规则可以看到，实验结果的精确度同时受几个仪表的影响时，则测试中要使几个仪表的精确度一致，采用一两个精度特别高的仪表无助于整个实验结果精度的提高，如过滤实验中，计量滤液体积的量具分度值为 0.1 L，而用分度值为 1/1 000 s 的电子秒表计时，测得 27.563 5 s 中流过滤液 1.35 L，计算每升滤液通过所需的时间为

$$t = 27.563\ 5/1.35 \text{ s/L} = 27.6/1.35 \text{ s/L} = 20.4 \text{ s/L}$$

可见，用一个分度值为 0.1 s 的机械秒表精度就足够了。

1-1-4   间接测量值的误差传递

间接测量值由几个直接测量值按一定的函数关系计算而得，如雷诺数 $Re = d v \rho / \mu$ 就是间

接测量值，由于直接测量值有误差，因而间接测量值也必然有误差。怎样由直接测量值的误差计算间接测量值的误差呢？这就是误差的传递问题。

一、误差传递的基本方程

设有一间接测量值 y，是直接测量值 x_1，x_2，$\cdots$，x_n 的函数：

$$y = f(x_1, x_2, \cdots, x_n) \tag{1-10}$$

对上式进行全微分，可得

$$dy = \frac{\partial f}{\partial x_1} dx_1 + \frac{\partial f}{\partial x_2} dx_2 + \cdots + \frac{\partial f}{\partial x_n} dx_n \tag{1-11a}$$

如以 $\Delta y, \Delta x_1, \Delta x_2, \cdots, \Delta x_n$ 分别代替上式中的 $dy, dx_1, dx_2, \cdots, dx_n$，则得

$$\Delta y = \frac{\partial f}{\partial x_1} \Delta x_1 + \frac{\partial f}{\partial x_2} \Delta x_2 + \cdots + \frac{\partial f}{\partial x_n} \Delta x_n \tag{1-11b}$$

上式即绝对误差的传递公式。它表明间接测量值或函数的误差为直接测量值的各项分误差之和，而分误差取决于直接测量误差 Δx_i 和误差传递系数 $\frac{\partial f}{\partial x_i}$，即

$$\Delta y = \sum_{i=1}^{n} \left| \frac{\partial f}{\partial x_i} \Delta x_i \right| \tag{1-11c}$$

相对误差的计算式为

$$\frac{\Delta y}{y} = \sum_{i=1}^{n} \left| \frac{\partial f}{\partial x_i} \cdot \frac{\Delta x_i}{y} \right| \tag{1-12}$$

上式中各分误差取绝对值，从最保险出发，不考虑误差实际上有抵消的可能，此时函数误差为最大值。

函数的标准误差为

$$\sigma = \sqrt{\sum_{i=1}^{n} \frac{f^2}{x_i} \sigma_i^2} \tag{1-13}$$

式中：σ_i——直接测量值的标准误差。

二、某些常用函数的误差

现将某些常用函数的最大绝对误差和最大相对误差列在表 1-1 中。

表 1-1 某些常用函数的误差传递公式

函数式	误差传递公式	
	最大绝对误差 Δy	最大相对误差 δ_r
$y = x_1 + x_2 + x_3$	$\Delta y = \pm (\mid \Delta x_1 \mid + \mid \Delta x_2 \mid + \mid \Delta x_3 \mid)$	$\delta_r = \Delta y / y$
$y = x_1 + x_2$	$\Delta y = \pm (\mid \Delta x_1 \mid + \mid \Delta x_2 \mid)$	$\delta_r = \Delta y / y$
$y = x_1 x_2$	$\Delta y = \pm (\mid x_1 \Delta x_2 \mid + \mid x_2 \Delta x_1 \mid)$	$\delta_r = \pm \left(\left\mid \frac{\Delta x_1}{x_1} + \frac{\Delta x_2}{x_2} \right\mid \right)$

续表

函数式	误差传递公式	
	最大绝对误差 Δy	最大相对误差 δ_r
$y = x_1 x_2 x_3$	$\Delta y = \pm\ (\ \|x_1 x_2 \Delta x_3\| + \|x_1 x_3 \Delta x_2\| + \|x_2 x_3 \Delta x_1\|\ )$	$\delta_r = \pm\left(\left\|\dfrac{\Delta x_1}{x_1} + \dfrac{\Delta x_2}{x_2} + \dfrac{\Delta x_3}{x_3}\right\|\right)$
$y = x^n$	$\Delta y = \pm\ (nx^{n-1}\Delta x)$	$\delta_r = \pm\left(\left\|n\dfrac{\Delta x}{x}\right\|\right)$
$y = \sqrt[n]{x}$	$\Delta y = \pm\left(\dfrac{1}{n}x^{\frac{1}{n}-1}\Delta x\right)$	$\delta_r = \pm\left(\dfrac{1}{n}\left\|\dfrac{\Delta x}{x}\right\|\right)$
$y = x_1/x_2$	$\Delta y = \pm\left(\dfrac{x_1\Delta x_2 + x_2\Delta x_1}{x_2^2}\right)$	$\delta_r = \pm\left(\left\|\dfrac{\Delta x_1}{x_1} + \dfrac{\Delta x_2}{x_2}\right\|\right)$
$y = cx$	$\Delta y = \pm\ \|c\Delta x\|$	$\delta_r = \pm\left\|\dfrac{\Delta x}{x}\right\|$
$y = \lg x$	$\Delta y = \pm\left\|0.4343\dfrac{\Delta x}{x}\right\|$	$\delta_r = \Delta y/y$
$y = \ln x$	$\Delta y = \pm\left\|\dfrac{\Delta x}{x}\right\|$	$\delta_r = \Delta y/y$

例 1-2 在流量计标定实验中，孔板流量计的流量系数 C_0 可由下式计算：

$$C_0 = \frac{V}{\sqrt{A_0\ 2gR(\rho^0-\rho)/\rho}} = \frac{ZA}{tA_0\sqrt{2gR(\rho^0-\rho)/\rho}} \tag{1-14}$$

式中：A_0——孔板的锐孔面积，m^2；

R——U 形管压差计读数，m；

ρ——流体密度，$\mathrm{kg/m}^3$；

ρ^0——指示剂密度，$\mathrm{kg/m}^3$；

g——重力加速度（取 $9.81\ \mathrm{m/s}^2$）；

t——测量时间，s；

V——在 t 时间内所测水的体积，m^3；

A——水箱截面积，m^2；

Z——水位增加的高度，m。

已知某次测量中：$t = (30.0\pm0.05)\ \mathrm{s}$，$Z = (0.230\pm0.001)\ \mathrm{m}$，$A = (0.250\pm0.002)\ \mathrm{m}^2$，$A_0 = (3.142\pm0.016)\times10^{-4}\ \mathrm{m}$，$R = (0.400\pm0.001)\ \mathrm{m}$，$\rho^0 = (1.36\pm0.005)\times10^4\ \mathrm{kg/m}^3$，$\rho = (1.00\pm0.005)\times10^3\ \mathrm{kg/m}^3$，$g = 9.81\times(1\pm0.0056)\ \mathrm{m/s}^2$。求 C_0 的误差。

解：式（1-14）中多为乘除，故用相对误差计算比较方便。各量的相对误差：

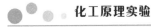

$$e_t = \frac{0.05}{30} = 0.17\%, e_Z = \frac{0.001}{0.23} = 0.43\%$$

$$e_A = \frac{0.002}{0.25} = 0.80\%, e_{A_0} = \frac{0.016}{3.142} = 0.51\%$$

$$e_R = \frac{0.001}{0.4} = 0.25\%, e_{\rho^0} = \frac{0.005}{1.36} = 0.37\%$$

$$e_\rho = \frac{0.005}{1} = 0.5\%, e_g = 0.56\%$$

根据误差传递公式得

$$e_{C_0} = e_t + e_Z + e_A + e_{A_0} + \frac{1}{2} e_g + e_R + e_\rho + \frac{\Delta\rho^0 + \Delta\rho}{\rho^0 - \rho}$$

$$= 0.17\% + 0.43\% + 0.8\% + 0.51\% + \frac{1}{2} \times 0.56\% + 0.25\% + 0.5\% + \frac{0.005 \times 10^4 + 0.005 \times 10^3}{13\ 600 - 1\ 000}$$

$$= 3.38\%$$

$$C_0 = \frac{0.23 \times 0.25}{30 \times 3.142 \times 10^{-4} \sqrt{2 \times 9.81 \times 0.4 \frac{(13\ 600 - 1\ 000)}{1\ 000}}} = 0.698\ 9$$

即 C_0 的真值为 $0.616\ 3 \sim 0.698\ 9$。

三、小结

误差分析的目的在于计算所测数据（包括直接测量值与间接测量值）的真值或最佳值范围，并判定其精确性或误差。整理一系列实验数据时，应按以下步骤进行。

（1）求一组测量值的算术平均值 x_m。

根据随机误差符合正态分布的特点，按误差的正态分布曲线，可以得出算术平均值是该组测量值的最佳值（当消除了系统误差并进行无数次测量时，该最佳值无限接近真值）。

（2）求出各测量值的绝对误差 d 与标准误差 σ。

（3）确定各测量值的最大可能误差，并验证各测量值的误差不大于最大可能误差。

按照随机误差正态分布曲线可得一个绝对误差 $(x - x_m)$ 出现在 $\pm 3\sigma$ 范围内的概率为 99.7%，也就是说 $(x - x_m)$ 出现在 $\pm 3\sigma$ 范围外的概率是极小的（0.3%），故以 $\pm 3\sigma$ 为最大可能误差，超出 $\pm 3\sigma$ 的误差已不属于随机误差，而是过失误差，因此该数据应剔除。

（4）确定其算术平均值的标准差

根据误差传递公式，算术平均值的标准差为

$$\sigma_m = \frac{\sigma}{n} \tag{1-15}$$

第二节　实验数据处理

由实验测得的大量数据，必须进行进一步的处理，使人们清楚地观察到各变量之间的定量关系，以便进一步分析实验现象，得出规律，指导生产与设计。

数据处理方法主要有以下三种。

1. 列表法

列表法就是将实验数据列成表格以表示各变量间的关系。这通常是整理数据的第一步，为标绘曲线图或整理成方程式打下基础。

2. 图示法

图示法就是将实验数据在坐标纸上绘成曲线，直观而清晰地表达出各变量之间的相互关系，分析极值点、转折点、变化率及其他特性，便于比较，还可以根据曲线得出相应的方程式；某些精确的图形还可用于在不知数学表达式的情况下进行图解积分和微分。

3. 回归分析法

利用最小二乘法对实验数据进行统计处理得出最大限度符合实验数据的拟合方程式，并判定拟合方程式的有效性，这种拟合方程式有利于用电子计算机进行计算。

1-2-1　实验数据的列表法

列表法就是将一组实验数据和计算的中间数据依据一定的形式和顺序列成表格。列表法可以简单明确地表示出物理量之间的对应关系，便于分析和发现资料的规律性，也有助于检查和发现实验中的问题，这就是列表法的优点。设计记录表格时要做到以下四点。

（1）表格设计要合理，以利于记录、检查、运算和分析。

（2）表格中涉及的各物理量，其符号、单位及量值的数量级均要表示清楚，但不要把单位写在数字后。

（3）表中数据要正确反映测量结果的有效数字和不确定度。除原始数据外，计算过程中的一些中间结果和最后结果也可以列入表中。

（4）表格要加上必要的说明。实验室所给的数据或查得的单项数据应列在表格的上部，说明写在表格的下部。

1-2-2　实验数据的图示（解）法

表示实验中各变量关系最通常的办法是将离散的实验数据标于坐标纸上，然后连成光滑曲线或直线。

当只有两个变量 x、y 时，通常将自变量 x 标于坐标纸的横轴，因变量 y 标于纵轴，得到一根曲线；如有三个变量 x、y、z，通常在某一 z 值下标出一条 y-x 曲线，改变 z 值得到一

组不同 z 值下的 $y-x$ 曲线。4 个以上变量的关系难以用图形表示。

作图时注意：①选择合适的坐标，使图形直线化，以便求得经验方程式；②坐标分度要适当，使变量的函数关系表现清楚。

一、坐标纸的选择

化工原理实验中常用的坐标系有直角坐标系、对数坐标系和半对数坐标系，市场上有相应的坐标纸出售。

化工原理实验中常遇到的函数关系如下。

（1）直线关系：$y=a+bx$，选用普通坐标纸。

（2）幂函数关系：$y=ax^b$，选用对数坐标纸，因 $\lg y=\lg a+b\lg x$，在对数坐标纸上为一直线。

（3）指数函数关系：$y=a^{bx}$，选用半对数坐标纸，因 $\lg y$ 与 x 呈直线关系。

此外，某变量最大值与最小值数量级相差很大时，或自变量 x 从零开始逐渐增加的初始阶段，x 少量增加会引起因变量极大变化，均可用对数坐标纸。

二、坐标的分度

坐标分度指每条坐标轴所代表的物理量大小，即选择适当的坐标比例尺。

为了得到良好的图形，在变量 x、y 的误差 Δx、Δy 已知的情况下，比例尺的取法应使实验"点"的边长为 $2\Delta x$、$2\Delta y$，而且使 $2\Delta x=2\Delta y=1\sim2$ mm，若 $2\Delta y=2$ mm，则 y 轴和 x 轴的比例尺分别为

$$M_y=\frac{2}{2\Delta y}=\frac{1}{\Delta y} \tag{1-16a}$$

$$M_x=\frac{2}{2\Delta x}=\frac{1}{\Delta x} \tag{1-16b}$$

例如，已知温度误差 $\Delta T=0.05$ ℃，则

$$M_T=\frac{1\text{ mm}}{0.05\text{ ℃}}=20\text{ mm/℃} \tag{1-17}$$

即 1 ℃在坐标轴上为 20 mm 长，若觉得太大，可取 $2\Delta x=2\Delta y=1$ mm，此时 1 ℃在坐标轴上为10 mm 长。

1-2-3 回归分析法

在工程中，为方便计算，通常需要将实验数据或计算结果用数学方程或经验公式的形式表示出来。在化学工程中，经验公式通常表示成无量纲的数群或特征数关系式，遇到的问题大多是如何确定公式中的常数或系数。经验公式或特征数关系式中的常数和系数的求法很多，最常用的是图解求解法和最小二乘法。

一、图解求解法

图解求解法用于处理能在直角坐标系上直接标绘成一条直线的数据，很容易求出直线方

程的常数和系数。在绘制图形时，有时两个变量之间的关系并不是线性的，而是符合某种曲线关系，为了能够简单地找出变量间的关系，以便求解回归经验方程和对其进行数据分析，常将这些曲线进行线性化。

二、最小二乘法

使用图解求解法时，在坐标纸上标点会有误差，而根据点的分布确定直线的位置时，具有较大的人为性，因此用图解求解法确定直线斜率及截距常不够准确。较为准确的方法是最小二乘法，其原理为：最佳的直线就是能使各数据点同回归线方程求出值的偏差的平方和为最小，也就是一定的数据点落在该直线上的概率为最大。

1-2-4　实验报告

按照一定的格式和要求，表达实验过程和结果的文字材料，称为实验报告。实验报告是实验工作的全面总结和系统概括，是实践环节中不可缺少的一个重要组成部分。写实验报告的过程，就是对所测取的数据加以处理，对所观察的现象加以分析，从中找出客观的规律和内在联系的过程。

完整的实验报告一般应包括以下几方面的内容。

（1）基本项目。实验名称，报告人姓名、班级及同组实验人姓名，实验地点，指导教师，实验日期，上述内容作为实验报告的封面。

（2）实验目的及内容。简明扼要地说明为什么要进行本实验，实验要解决什么问题，常常是列出几条。

（3）实验的理论依据（实验原理）。简要说明实验所依据的基本原理，包括实验涉及的主要概念，实验依据的重要定律、公式及据此推算的重要结果，要求准确、充分。

（4）实验装置流程示意图。简单地画出实验装置流程示意图和测试点、控制点的具体位置及主要设备、仪表的名称。标出设备、仪器仪表及调节阀等的标号，在示意图的下方写出图名及标号对应的设备、仪器等的名称。

（5）实验操作要点。根据实际操作程序，按时间的先后划分为几个步骤，以使操作更为条理和清晰。对于操作过程的说明应简单、明了。

（6）注意事项。对于容易引起设备或仪器仪表损坏、容易发生危险以及一些对实验结果影响比较大的操作，应在注意事项中注明，引起注意。

（7）原始数据记录。记录实验过程中从测量仪表所读取的数值。读数方法要正确，记录数据要准确，要根据仪表的精度决定实验数据的有效数字的位数。

第二章　化工原理实验中常用仪表

化工原理实验中所用的测量仪表品种繁多，有的是根据实验需要从市场上购买，有的因为所用的工质、工况的不同，不能购买到符合实验要求的测量仪表，而需要自行设计。不论是选用、购买或自行设计，都要做到使用合理，必须对测量仪表有一个初步的了解。

测量温度、压力、流量等参数的化工仪表用得最多，它们的准确度如何对实验结果影响最大，而且仪表的选用应该符合工作的需要，选用或设计合理，既可节省投资又能获得满意的结果。下面就温度、压力、流量测量时所用仪表的原理、特性及安装应用，作一些简要的介绍。

第一节　温度测量仪表

化工生产和科学实验中，温度往往是测量和控制的重要参数之一。几乎每个化工原理实验装置上都装有温度测量仪表。与加热冷却有关的实验如传热、干燥、蒸馏（即使是一些常温下工作的单元操作如吸收、萃取、流体力学等实验）需要测定操作流体的温度，以便确定各种流体的物性，如密度、黏度的数值。此外，相平衡数据（如液液平衡）也一定要控制在恒定的温度下测定，得到的平衡数据要标出平衡温度。总之，温度测量和控制在化工原理实验中占有重要地位。

温度的测量方式可分为两大类：非接触式和接触式。

非接触式是利用热辐射原理，测量时仪表的敏感元件不需要与被测物质接触，它常用于测量运动体和热容量小或特高温度的场合。

接触式是利用两物体接触后，在足够长的时间内达到热平衡，两个互为平衡的物体温度相等，这样测量仪表就可以对物体进行温度的测量。

化工原理实验所涉及的温度和测量对象都可以用接触式测温法进行，因此非接触式测量仪表用得很少。常见的接触式测量仪表如表 2-1 所示。

表 2-1　常见的接触式测量仪表

工作原理	仪表名称	使用温度范围/℃	特点
热膨胀	玻璃管温度计	−80～500	简单，便宜，使用方便，感温部大
	双金属温度计	−80～500	
	压力式温度计	−50～450	

续表

工作原理	仪表名称	使用温度范围/℃	特点
热电阻	铂、铜电阻温度计	-200~600	精度高，可远传，感温部大，体积小，灵敏度好，线性差，互换性差
	半导体温度计	-50~300	
热电偶	铜-康铜	-100~300	结构简单，感温部小，适应性差，可远传，线性差
	铂-铂铑	200~1 800	

化工原理实验常用的是热膨胀温度计（玻璃管温度计、压力式温度计）和热电偶温度计，现分别简述如下。

2-1-1 热膨胀温度计

一、玻璃管温度计

玻璃管温度计是最常用的一种测定温度的仪表。它的优点是结构简单、价格便宜、读数方便、有较高的精度，测量范围为-80~500 ℃。它的缺点是易损坏，损坏后无法修复。目前化工原理实验用得最多的是水银温度计和有机液体温度计。水银温度计测量范围广、刻度均匀、读数准确，但破损后会造成汞污染。有机液体（乙醇、苯等）温度计着色后读数明显，但由于膨胀系数随温度而变化，故刻度不均匀，读数误差较大。玻璃管温度计又分为三种形式：棒式、内标式和电接点式。

1. 玻璃管温度计的安装和使用

（1）安装在没有大的振动、不易受碰撞的设备上，特别是有机液体温度计，如果振动很大，容易使液柱中断。

（2）玻璃管温度计感温泡中心应处于温度变化最敏感处（如管道中流速最大处）。

（3）玻璃管温度计安装在便于读数的场所，不能倒装，也尽量不要倾斜安装。

（4）为了减少读数误差，应在玻璃管温度计保护管中加入甘油、变压器油等，以排除空气等不良导体。

（5）水银温度计读数时按凸面最高点读数；有机液体温度计则按凹面最低点读数。

（6）使用玻璃管温度计测量物体温度时，为了准确地测量温度，温度计指示液柱必须插入待测的物体中。

2. 玻璃管温度计的温度校正

例如在测量时，水银柱的上部暴露在欲测物体外部，则这段水银的温度不是欲测物体的温度，因此必须按下式校正：

$$\Delta T = \frac{n(T-T')}{6\,000} \tag{2-1}$$

式中：n——露出部分水银柱高度（温度刻度数）；

T——温度计指示的温度；

T'——露出部分周围的中间温度（要用另一支温度计测出）；

$\dfrac{1}{6\,000}$——玻璃与水银的膨胀系数之差。

则真实的温度为 $T+\Delta T$。

二、玻璃管温度计的校正

玻璃管温度计在进行温度精确测量时要校正，校正方法有两种：与标准温度计在同一状况下比较；利用纯物质相变点，如冰-水-水蒸气系统校正。

化工原理实验中将被校验的玻璃管温度计与标准温度计（在市场上购买的二等标准温度计）插入恒温槽中，待恒温槽的温度稳定后，比较被验温度计与标准温度计的示值。注意：示值误差的校验应采用升温校验。这是因为对于有机液体来说，它与毛细管壁有附着力，在降温时，液柱下降会有部分液体停留在毛细管壁上，影响读数准确。水银计在降温时也会因摩擦产生滞后现象。

如果化工原理实验室内无标准温度计可作比较，亦可用冰-水-水蒸气的相变温度来校正温度计。

1. 用水和冰的混合液校正 0 ℃

在 100 mL 烧杯中，装满碎冰或冰块，然后注入蒸馏水至液面达到冰面下 2 cm 为止，插入温度计使刻度便于观察或是露出 0 ℃于冰面之上，搅拌并观察水银柱的改变，待其所指温度恒定时，记录读数，此温度即校正后的零度。注意：勿使冰块完全溶解。

2. 用水和水蒸气校正 100 ℃

在图 2-1 所示的装置（塞子留缝隙是为了平衡试管内外的压力）中，加入沸石及 10 mL 蒸馏水。调整温度计使其水银球在液面上 3 cm。以小火加热并注意水蒸气在试管壁上冷凝形成一个环，控制火力使该环在水银球上方约 2 cm 处。要保持水银球上有一液滴以维持液态与气态间的热平衡。观察水银柱读数直到温度保持恒定，记录读数。再经过气压校正后就是校正过的 100 ℃。

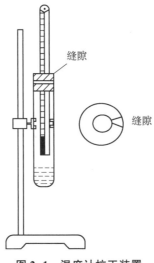

缝隙

缝隙

图 2-1 温度计校正装置

2-1-2　热电偶温度计

热电偶是最常用的一种测温元件。它具有结构简单、使用方便、精度高、测量范围宽等优点，因而得到了广泛的应用。

一、热电偶温度计的测温原理

热电偶温度计是根据热效应制成的一种测温元件，它不仅能用来测量流体的温度，而且能用来测量固体及固体壁面的温度。它结构简单，坚固耐用，使用方便，精度高，测温范围广，便于远距离、多点、集中测量和自动控制，是应用广泛的一种温度计。

普通热电偶主要由热电极、绝缘子、保护套管和接线盒等部分组成，如图 2-2 所示。保护套管的作用是保护热电极不受化学腐蚀和机械损伤。保护套管材料的选择一般根据测温范围、插入深度以及测温的时间等因素来决定。对保护套管材料的要求：耐高温、耐腐蚀、能承受温度的剧变、有良好的气密性和高的热导率。

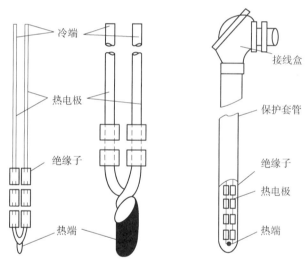

图 2-2　普通热电偶的结构示意图

如果取两根不同材料的金属导线 A 和 B，将其两端焊在一起，这样就组成了一个闭合回路。如果将其一端加热，使该接点处的温度 t 高于另一个接点处的温度 t_0，那么在此闭合回路中就有热电势产生。如果在此回路中串接一只直流毫伏表（将金属导线 B 断开接入毫伏表，或者在两金属导线的温度为 t_0 接点处断开接入毫伏表均可），就可见到毫伏表中有电势指示，这种现象称为热电现象。

热电现象是因为两种不同金属的自由电子密度不同，当两种金属接触时在两种金属的交界处，就会因电子密度不同而有电子扩散，扩散结果是在两金属接触面两侧形成静电场即接触电势差。这种接触电势差仅与两金属的材料和接点温度有关。接点温度越高，金属中自由电子就越活跃，致使接触处所产生的电场强度增加，接触面电动势也相应增高。根据这个原理就制成热电偶温度计。

若把导体的两端闭合，形成闭合回路，如图2-3所示。由于两金属导线的接点温度不同（$t > t_0$），就产生了两个大小不等、方向相反的热电势$E_{AB}(t)$和$E_{AB}(t_0)$。在此闭合回路中总的热电势为

$$E(t, t_0) = E_{AB}(t) - E_{AB}(t_0) \quad \text{或} \quad E_{AB}(t, t_0) = E_{AB}(t) + E_{BA}(t_0) \quad\quad (2\text{-}2)$$

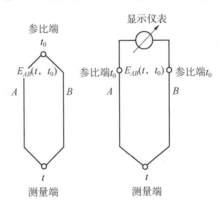

图2-3　利用热电现象测量温度的示意图

也就是说，总的热电势等于热电偶两接点热电势的代数和。当金属导线A、B固定后，热电势是接点温度t和t_0的函数之差。如果一端温度t_0保持不变，即$E_{AB}(t_0)$为常数，则热电势$E_{AB}(t, t_0)$就成为温度t的单值函数了，而和热电偶的长短及直径无关。这样，只要测出热电势的大小，就能判断测温点温度的高低，这就是利用热电现象测量温度的原理。

利用这一原理，人们选择了符合一定要求的两种不同材料的导体，将其一端焊起来，就构成了一支热电偶。焊点的一端插入测温对象，称为热端或工作端，另一端称为冷端或自由端。

利用热电偶测量温度时，必须要用某些显示仪表如毫伏表或电势差计测量热电势的数值，如图2-3所示。显示仪表往往要远离接点，这就需要接入连接金属导线C，这样就在金属导线AB所组成的热电偶回路中加入了第三种金属导线，从而构成了新的接点。实验证明，在热电偶回路中接入第三种金属导线对原热电偶所产生的热电势数值并无影响，不过必须保证连接金属导线C两端的温度相同。同理，如果回路中串入多种金属导线，只要连接金属导线C两端温度相同，也不影响热电偶所产生的热电势数值。

二、常用热电偶的特性和对热电偶材料的要求

为了便于选用和自制热电偶，必须对热电偶材料提出要求和了解常用热电偶的特性。

1. 对热电偶材料的基本要求

（1）物理化学性能稳定。

（2）测温范围广，在高低温范围内测温准确。

（3）热电性能好，热电势与温度成线性关系。

（4）电阻温度系数小，这样可以减少附加误差。

（5）机械加工性能好。

（6）价格便宜。

2. 常用热电偶的特性

常用热电偶的特性如表2-2所示。可以根据表中列出的数据，选择合适的显示仪表和确定使用的温度范围。

表2-2　常用热电偶的特性

热电偶名称	型号	分度号	100 ℃时的热电势/mV	最高使用温度/℃	
				长期	短期
铂铑$_{10}$–铂	WRLB	LB-3	0.643	1 300	1 600
镍铬–考铜	WREA	EA-2	6.95	600	800
镍铬–镍硅	WRN	EU-2	4.095	900	1 200
铜–康铜	WRCK	CK	4.29	200	300

3. 热电偶的校验（定标）

（1）对于新焊好的热电偶，需校对电势–温度是否符合标准，检查有无复制性，或进行单个标定。

（2）对所用热电偶定期进行校验，测出校正曲线，以便对高温氧化产生的误差进行校正。

第二节　压力测量仪表

在化工生产与科学实验中，过程的操作压力是一个非常重要的参数。例如，精馏、吸收等化工单元操作所用的塔器，需要经常测量塔顶、塔釜的压力，以便了解塔器的操作是否正常。又如，管道阻力实验中流体流过管道的压降，泵性能实验中泵进出口压力的测量，对于了解泵的性能和安装是否正确都是必不可少的参数。

此外，为了便于压力的观察、记录和远传等，还需要用压力变换器等测量压力。

化工生产和科学实验中测量压力的范围很广，从1 000 MPa到远低于大气压的负压（高真空度），要求的精度也各不相同，所以目前使用的压力测量仪表种类很多，原理各异，根据工作原理和工作状况等可作如下分类。

1. 按仪表的工作原理分类

（1）液柱式压力计：利用液体高度产生的力去平衡未知力的方法来测量压力的压力计。

（2）弹性压力计：利用弹性元件受压后变形产生的位移来测量压力的压力计。

（3）电测压力计：通过某些转换元件，将压力变换为电量来测量压力的压力计。

2. 按所测的压力范围分类

（1）压力计：测量表压力的仪表。

（2）气压计：测量大气压力的仪表。

（3）微压计：测量 10 N/cm² 以下的表压力的仪表。

（4）真空计：测量真空度或负压力的仪表。

（5）差压计：测量两处压力差（也称为差压、压差）的仪表。

3. 按仪表的精度等级分类

（1）标准压力计：精度等级在 0.5 级以上的压力计。

（2）工程用压力计：精度等级在 0.5 级以下的压力计。

4. 按显示方式分类

（1）指示式。

（2）自动记录式。

（3）远传式。

（4）信号式。

现对化工原理实验中常用的液柱式压力计、弹性压力计、电动差压变送器进行简单介绍。

2-2-1 液柱式压力计

液柱式压力计是利用液柱所产生的压力与被测介质压力相平衡，然后根据液柱高度来确定被测压力值的压力计。液柱所用的液体种类很多，可以采用单一物质，也可以用液体混合物，但所用液体在与被测介质接触处必须有一个清楚而稳定的分界面，也就是说，所用液体不能与被测介质发生化学作用或混合作用，以便准确地读数。同时，所用液体的密度及其与温度的关系必须是已知的，液体在环境温度的变化范围内不应汽化或凝固。常用的工作液体有水银、水、酒精、甲苯等。

液柱式压力计最后测量的是液面的相对垂直位移，因此上限为 1.5 m 左右，下限为 0.5 m 左右，否则就不便于观察，因此液柱式压力计测量的最大值约为 1 m 水银柱高压力。

液柱式压力计包括 U 形管压力计、微差压力计、单管压力计、斜管微压计等（这里仅简单介绍 U 形管压力计和微差压力计）。这种压力计是最早用来测量压力的仪表，由于结构简单、使用方便、价格便宜，在一定的条件下比较容易得到较高的精度，因此目前还有广泛的用途。但是由于不能测量较高的压力，也不能进行自动指示和记录，因此它的应用范围受到限制。其一般可作为化工原理实验中低压的精密测量以及用于仪表的检定和校验。

一、U 形管压力计

U 形管压力计的结构如图 2-4（a）所示。它是一根弯成 U 形的玻璃管 1 和 2，在 U 形管中间装有刻度的标尺 3，读数的零点在标尺的中央，管内充满液体到零点处。玻璃管 1 与被测介质接通，管 2 则接通大气。

当被测介质的压力 p_x 大于大气压力 p 时，玻璃管 1 中的工作液体液面下降，玻璃管 2 中的工作液体液面上升，一直到两液面差的高度 h 产生的压力与被测压力相平衡时为止。

若被测介质是气体，则被测介质的压力 p_x 为

$$p_x = h\rho g \qquad\qquad (2-3)$$

式中：ρ——工作液体的密度；

　　　g——重力加速度。

若被测介质是液体，则平衡时还要考虑被测介质的密度，被测压力为

$$p_x = h(\rho - \rho_x)g \qquad\qquad (2-4)$$

式中：ρ_x——被测介质的密度。

液柱式压力计一般是均匀刻度的，其压力测量单位采用 N/m² 或 mm（水柱）（当工作液体是水时）N/m² 或 mm（汞柱）（当工作液体为水银时）。

在 U 形管压力计中很难保证两玻璃管的直径完全一致，因而在确定液柱高度 h 时，必须同时读出两玻璃管的液面高度，否则可能造成较大的测量误差。

U 形管压力计的测量范围一般为 0～±800 mm（水柱或汞柱），精度为 1 级，可测表压、真空度、差压，以及作校验流量计的标准压差计。其特点是零位刻度在刻度板中间，使用前无须调零，液柱高度须两次读数。

有时将 U 形管压力计倒置，如图 2-4（b）所示，称为倒 U 形管压力计。

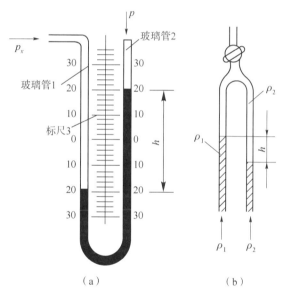

图 2-4　U 形管压力计和倒 U 形管压力计

倒 U 形管压力计的优点是不需要另加工作液体而以待测液体为工作液体。压力差为

$$p_1 - p_2 = h(\rho_1 - \rho_2)g \qquad\qquad (2-5)$$

当 p_2 为空气压力时，有

$$p_1 - p_2 = h\rho_1 g \qquad\qquad (2-6)$$

二、微差压力计

微差压力计是在 U 形管中放置两种密度不同又互不相溶的工作液体 A 和 B，U 形管的上

端有两个直径远大于玻璃管的扩张室，其作用是使读数 R 有变化时，扩张室内的工作液体 A 的液面无显著变化（这样可认为工作液体 A 的液面不随读数 R 的变化而变化）。

按静力学方程，有

$$p_1 - p_2 = \Delta p = Rg(\rho_B - \rho_A) \tag{2-7}$$

对于一定的压力差，若（$\rho_B - \rho_A$）越小，则 R 越大，所以当采用的两种液体其密度接近时，可以得到很大的 R 值，在测微小压力差时特别适用。

常用的 A-B 工作液体有四氯化碳-水、碘乙烷-水或苄醇-氯化钙溶液（密度可以随氯化钙用量的多少而变）。

三、液柱式压力计使用注意事项

液柱式压力计虽然构造简单、使用方便、测量准确度高，但耐压程度差、结构不牢固、容易破碎、测量范围小、示值与工作液体密度有关，因此在使用中必须注意以下几点。

（1）被测压力不能超过仪表测量范围。有时因被测对象突然增压或操作不注意造成压力增大，会使工作液体冲走。若水银工作液体被冲走，则既带来损失，又可能造成水银中毒。在工作中要特别注意！

（2）被测介质不能与工作液体混合或起化学反应。当被测介质能与水或水银混合或发生反应时，应更换其他工作液体或采取加隔离液的方法。常用的隔离液如表 2-3 所示。

表 2-3　常用的隔离液

被测介质	隔离液	被测介质	隔离液
氯气	98%的浓硫酸或氟油	氨水、水煤气	变压器油
氯化氢	煤油	水煤气	变压器油
硝酸	五氯乙烷	氧气	甘油

（3）液柱式压力计安装位置应避开过热、过冷和有震动的地方。因为若过热，则工作液体容易蒸发；若过冷，则工作液体可能冻结；若震动太大，则会把玻璃管震破，造成测量误差，有时根本无法指示。在冬天时，一般在水中加入少许甘油或者采用酒精、甘油、水的混合物作为工作液体以防冻结。表 2-4 为各种百分比的甘油与水溶液的冻结温度；表 2-5 为酒精、甘油、水的混合物冰点。

表 2-4　各种百分比的甘油与水溶液的冻结温度

甘油质量分数/%	10	20	30	40	45	50	60
混合物密度/（g·cm⁻³）	1.024 5	1.049 5	1.077 1	1.104 5	1.118 3	1.132 9	1.158 2
混合物冻结温度/℃	−1.0	−2.5	−10.62	−17.2	−26.2	−32	−35

表 2-5　酒精、甘油、水的混合物冰点

混合物的成分/%			混合物的冰点/℃	20 ℃时的密度/(g·cm⁻³)
水	酒精	甘油		
60	30	10	−18	0.992
45	40	15	−28	0.987
43	42	15	−32	0.970
70	30		−10	0.970
60	40		−19	0.963

（4）由于液体的毛细现象，在读取压力值时，视线应在液柱面上，观察水时应看凹面处，观察水银时应看凸面处，如图 2-5 所示。

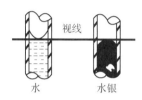

图 2-5　水和水银在玻璃管中的毛细现象

（5）对于水平放置的仪表，测量前应将仪表放平，再校正零点。如果工作液面不在零位线上，可调零位器或移动可变刻度标尺或灌注工作液体等，使零位对好。

（6）工作液体为水时，可在水中加入一点红墨水或其他颜色，以便于观察读数。

（7）在使用过程中保持测量管和刻度标尺的清晰，定期更换工作液体，经常检查仪表本身和连接管间是否有泄漏现象。

2-2-2　弹性压力计

弹性压力计是利用各种形式的弹性元件作为敏感元件来感受压力，并以弹性元件受压后变形产生的反作用力与被测压力平衡，此时弹性元件的变形就是压力的函数，这样就可以用测量弹性元件的变形（位移）的方法来测得压力的大小。

弹性压力计具有结构简单、使用方便、读数清晰、牢固可靠、价格低廉、测压范围宽等优点，可以用来测量几百帕到数千兆帕范围内的压力，因此在工业上应用很广泛。弹性压力计是一种机械式压力表，用于测量正压的称为压力表，用于测量负压的称为真空表。常用的弹性元件有弹簧管、波纹膜片、测量膜盒、波纹管等，其中波纹膜片和波纹管多用于微压和低压测量，单圈和多圈弹簧管可用于高、中、低压，甚至真空度的测量。

弹性压力计主要由弹簧管、齿轮传动机构、示数装置（指针和分度盘）以及外壳等几部分组成，其结构如图 2-6 所示。弹簧管是一根弯成圆弧形的椭圆截面的空心金属管子。弹簧管的一端固定在接头上，另一端即自由端 B 封闭并通过齿轮传动机构和指针连接。当通入被测的压力 p 后，椭圆截面在压力 p 的作用下将趋于圆形，弯成圆弧的弹簧管随之产生向外挺直的扩张变形。由于变形，使弹簧管的自由端 B 产生位移。输入压力 p 越大，产生的变形也越大，由于输入压力与弹簧管的自由端 B 的位移成正比，因此只要测得 B 点位移量，就能反映压力 p 的大小。

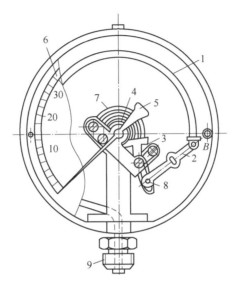

1—弹簧管；2—拉杆；3—扇形齿轮；4—中心齿轮；5—指针；6—分度盘；7—游丝；8—调整螺钉；9—接头。

图 2-6 弹性压力计的结构示意图

为了保证弹性压力计正确指示和长期使用，仪表安装与维护时需注意以下事项。

（1）应工作在允许压力范围内，静压力下一般不应超过测量上限的 70%，压力波动时不应超过测量上限的 60%。

（2）工业用压力表的使用条件为环境温度 -40~60 ℃，相对湿度小于 80%。

（3）仪表安装处与测定点之间的距离应尽量短，以免指示迟缓。

（4）在振动情况下使用仪表时要装减振装置。

（5）测量结晶或黏度较大的介质时，要加装隔离器。

（6）仪表必须垂直安装，无泄漏现象。

（7）仪表测定点与仪表安装处应处于同一水平位置，否则会产生附加高度误差。必要时需加修正值。

（8）测量爆炸、腐蚀、有毒气体的压力时，应使用特殊的仪表。氧气压力表严禁接触油类，以免爆炸。

（9）仪表必须定期校正，合格的表才能使用。

2-2-3 电动差压变送器

压力或压力差除了用前面介绍的测量方法进行测量，还常用电信号来测量。例如，测量压力时，先利用"变送器"（传感器）将待测的非电量转变成一个电量，然后对该电量进行直接测量或作进一步的加工处理。因此电信号常用在远传、数据采集和计算机控制等方面。

非电量的电测技术是现代化科学技术的重要组成部分,是现代化工科研、实验和生产中不可缺少的一种技术,目前有很多测量压力、压力差的电测法,下面以测定压力差的电动差压变送器为例作简单介绍。

一、电动差压变送器的原理

电动差压变送器是一种最常用的压力变送器,它可以用来连续测量压力差、液位、分界面等工艺参数,它与节流装置配合,也可以连续测量液体和气体的流量。

电动差压变送器具有反应速度快和传送距离远等优点。

电动差压变送器以电为能源,它将被测压力差 Δp 的变化转化成直流电流(0~10 mA)信号,送往调节器或显示仪表进行调节、指示和记录。

电动差压变送器是根据力矩平衡原理工作的,图 2-7 是它的工作原理示意图。被测压力差 $\Delta p = p_1 - p_2$,通过测量膜盒(或波纹膜片)1 转换成作用于主杠杆 2 的测量力 $F_测$,在 $F_测$ 的作用下,主杠杆 2 绕密封膜片支点 Q_1 偏转并通过连接簧片 11 使副杠杆 9 以十字簧片 Q_2 为支点偏转,从而使固定在副杠杆上的位移检测片位移 h 距离,位移检测线圈 8 能够将此微小位移转换成相应的电量,再通过放大器 10 变为 0~10 mA 的直流电流输出,此电流 I_0 即为输出电流。它同时通过处于永久磁铁 7 内的反馈线圈 5。由于通电线圈在磁场中要受到电磁力的作用,因此当 I_0 通过反馈线圈 5 时产生一个与测量力 $F_测$ 相平衡的反馈力 $F_反$,作用于副杠杆 9,使杠杆系统回到平衡状态。此时的电流即为变送器的输送电流,它与被测压力差成正比:

$$I_0 = K\Delta p \tag{2-8}$$

式中:K——比例系数,它可以通过移动连接簧片 11 来改变。

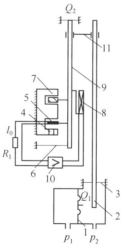

1—测量膜盒;2—主杠杆;3—轴封膜片;4—测量范围细调螺钉;5—反馈线圈;6—调零装置;

7—永久磁铁;8—位移检测线圈;9—副杠杆;10—放大器;11—连接簧片。

图 2-7 电动差压变送器的工作原理示意图

因为移动了连接簧片 11,就可以改变反馈力矩的大小,从而达到量程调节的目的,所以电动差压变送器的量程可以根据需要进行调整,实现一台变送器具有多种量程的功能。

二、电动差压变送器的用途

电动差压变送器的用途如下。

（1）作为压力变送器，用于压力或真空度的测量和记录。

（2）测量流量。当用锐孔或文丘里流量计测量流体的流量时，可以将节流元件前后的压力接在电动差压变送器的测量膜盒的前后，测量膜盒接收到压力差后经过变换输出电信号，实现远传记录。电传可以克服当 U 形管压力计中的工作液体为水银时各种原因使水银冲出而造成的危害。它的缺点是价格比 U 形管压力计高，且精度不如 U 形管压力计。

第三节　流量测量仪表

流量是化工生产与科学实验中的重要参数，不论是工业生产还是科学实验，都要进行流量的测量，以核算过程或设备的生产能力，从而对过程或设备作出评价。

流量是表示单位时间内流过的流体质量（kg/h）或流体体积（m³/h）。测量流量的方法和仪表很多，这里只介绍化工原理实验常用的差压式（锐孔、喷嘴、文丘里、测速管）流量计、转子（定压降式）流量计和涡轮流量计。

2-3-1　差压式流量计

差压式流量计是基于流体经过节流元件（局部阻力）时所产生的压力降实现流量测量的。差压式流量计使用历史悠久，已经积累了丰富的实践经验和完整的实验资料，常用的节流元件如孔板、喷嘴、文丘里管等均已标准化。这些标准节流元件的设计计算都有统一标准，以及计算所用的实验数据资料。目前用电子计算机编制设计程序，既精确又省时间，但是化工原理实验室所测量的流量值比较小，由于实验设备较小，流量计外形尺寸也不能太大，因此市场上出售的标准节流元件不一定能符合要求，常常需要自行设计、制造。这里将介绍标准节流元件的基本原理和知识，以便根据这些知识按照实验中的实际需要进行简单的结构设计，然后单个标定，从而制备符合实验所需的流量计。

一、常用的节流元件种类与测量原理

目前运用较多的节流元件有以下三种。

1. 标准孔板

标准孔板的结构如图 2-8 所示，它是一带有圆孔的板，圆孔与管道同心，直角入口边缘非常锐利。

标准孔板的开孔直径 d 是一个非常重要的尺寸，其加工要求很严格，对制成的孔板，应至少取 4 个大致相等的角度测得直径的平均值。任一孔径的单测值与平均值之差不得大于 0.05%。孔径 d 应大于或等于 12.5 mm，孔径比 $\beta = d/D$（D 为管道直径）为 0.2~0.8。

孔板开孔上游侧的直角入口边缘，应锐利无毛刺和划痕。若直角入口边缘形成圆弧，其圆弧半径应小于或等于 0.000 4d。孔板进口圆筒的厚度 e 和孔板厚度 E 不能过大，以免影响精度。

标准孔板的进口圆筒部分应与管道同心安装。孔板必须与管道轴线垂直，其偏差不得超过 ±1°。孔板材料一般用不锈钢、铜或硬铝。

2. 标准喷嘴

标准喷嘴适用的管道直径 D 为 50 ~ 1 000 mm，孔径比 β 为 0.32 ~ 0.8，雷诺数为 2×10^4 ~ 2×10^6。

标准喷嘴的结构如图 2-9 所示，其轮廓外形由进口端面 A、收缩部分第一圆弧曲面 c_1 与第二圆弧曲面 c_2、圆筒形喉部 e 和出口边缘保护槽 H 所组成。圆筒形喉部的直径即为节流件的开孔直径，其长度为 0.3d。标准喷嘴加工比较困难，一般由专业生产厂家制造，化工原理实验中所用的标准喷嘴在市场上即可购买到。

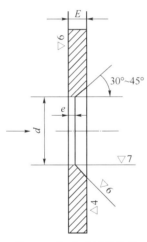

图 2-8　标准孔板的结构

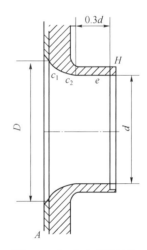

图 2-9　标准喷嘴的结构

3. 文丘里管

文丘里管由入口圆筒段 A、圆锥形收缩段 B、圆筒形喉部 C 和圆锥形扩散段 E 所组成，其结构如图 2-10 所示。文丘里管的圆锥形收缩段锥度为 21°±1°，圆锥形扩散段锥度为 7° ~ 15°，文丘里管的 d/D 比值为 0.4 ~ 0.7。

二、节流元件的取压方式

节流元件的取压方式有以下几种，在设计小型孔板装置时可以选用任一种。

1. 角接取压

在孔板前后单独钻有小孔取压，小孔在夹紧环上（见图 2-11 下部）。

2. 环室取压

环室内开了取压小孔。角接、环室取压小孔直径为 1 ~ 2 mm（见图 2-11 上部）。

环室取压的前后环室装在节流件的两侧，环室夹在法兰之间。法兰和环室，环室和节流件之间放垫片并夹紧。

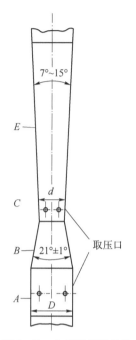

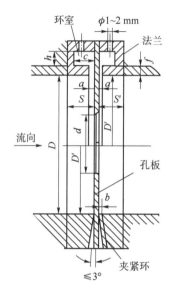

图 2-10　文丘里管的结构　　　　图 2-11　角接取压装置的示意图

以上介绍的取压方式，使得自行设计节流元件时流量系数值接近一个常数。然而，自行设计的小型流量计很难做到这一点，故小型装置均要进行单个标定才能得到很好的精度。

3. 测速管取压

测速管又名毕托管，是用来测量导管中流体的点速度。它的结构如图 2-12 所示，图 2-13 是图 2-12 中 A 的局部放大图。测速管由两根弯成直角的同心套管所组成。外管的管口是封闭的，在外管壁面四周开有测压小孔，外管及内管的末端分别与液柱压力计相连接。测速管的管口正对着导管中流体流动的方向，在测量过程中，测速管内充满被测量的流体。设在测速管口前面一小段距离处点 1 的流速为 u_1，静压力为 p_1，当流体流过测速管时，因受到测速管口的阻挡，使点 1 至测速管口点 2 间的流速逐渐变慢，而静压力则升高，在管口点 2 处的流速 u_2 为零（因测速管内的流体是不流动的），静压力增至 p_2。管口上流体静压头的增高是由点 1 至点 2 间流体的速度头转化而来的，所以在点 2 上所测得的流体静压头（m 流体柱）为

$$\frac{p_2}{\rho g} = \frac{p_1}{\rho g} + \frac{u_1^2}{2g} \tag{2-9}$$

式中：ρ 为流体密度。

即在测速管的内管所测得的压力为管口所在位置的流体静压头之和，合称为冲压头。

图 2-12　测速管的结构

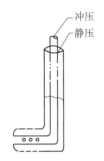

图 2-13　测速管中 A 的局部放大图

测速管的外管壁面与导管中流体的流动方向相平行，流体在管壁垂直方向的分速度等于零，所以在外管壁面测压小孔上测得的是流体的静压头 $p_1/\rho g$。因测速管的管径很小，一般为 5~6 mm，所以测压小孔与内管口的位置高度可以看成在同一水平线上。在测速管末端液柱式压力计上所显示的压头差为管口所在位置水平线上的速度头 $u_1^2/2g$：

$$\Delta h = \frac{p_2}{\rho g} - \frac{p_1}{\rho g} = \frac{p_1}{\rho g} + \frac{u_1^2}{2g} - \frac{p_1}{\rho g} = \frac{u_1^2}{2g} \qquad (2-10)$$

式中：u_1——测速管管口所在位置水平线上流体的点速度，m/s；

　　　Δh——液柱压力计的压头差，m 流体柱；

　　　g——重力加速度，$g = 9.81$ m/s^2。

如果将测速管的管口对准导管中心线，此时所测得的点速度为导管截面上流体的最大速度 u_{max}，仿照式（2-10）可写出：

$$u_{max} = \sqrt{2g\Delta h} = \sqrt{\frac{2gR(\rho_i - \rho)}{\rho}} \qquad (2-11)$$

式中：R——液柱式压力计上的读数，m；

　　　ρ_i——指示液体的密度，kg/m^3；

　　　ρ——流体的密度，kg/m^3。

由 u_{max} 算出：

$$Re_{max} = \frac{du_{max}\rho}{\mu} \qquad (2-12)$$

从式（2-12）中可计算出 u/u_{max} 的数值，即可求得导管截面上流体的平均速度 u（见速度分布），于是导管中流体的流量为

$$Q = A_u = \frac{\pi}{4}d^2u \qquad (2-13)$$

式中：Q——流体的流量，m^3/s；

　　　A——导管的截面积，m^2；

　　　d——导管的内径，m。

为了提高测量的准确性，测速管须装在直管部分，并且应与导管的轴线相平行。管口至能产生涡流的地方（如弯头、大小头和阀门等）的距离，须大于 50 倍导管直径，因为在这

样的装置条件下，流体在导管中的速度分布是稳定的，在导管中心线上所测得的点速度才为最大速度。测速管在使用前须经校正。

测速管装置简单，对于流体的压头损失很小，它的特点是只能测定点速度，因此可用来测定并绘制流体的速度分布曲线。在工业上测速管主要用于测量大直径导管中气体的流速。因气体的密度很小，在一般流速下，液柱压力计上所能显示的读数往往很小，为降低读数的误差，通常需要配以斜管微压计。若斜管微压计仍达不到要求，则需要换用其他类型流量计，如热球流量计进行点速度测量。由于测速管的测压小孔容易被堵塞，因此测速管不适用于对含有固体粒子的流体的测量。

2-3-2 转子流量计

转子流量计是另一种形式的流量测量仪表。它与前面所讲的差压式流量计的测量原理有根本性的不同。差压式流量计是在节流面积（如孔板面积）不变的条件下，以压力差变化来反映流量的大小，而转子流量计是以压降不变，利用节流面积的变化来反映流量的大小。因此，转子流量计采用的是恒压降、变节流面积的流量测量法。这种流量计与差压式流量计相比较，适用于测量小流量，如指示式转子流量计体积可以小到手指那么大，测量流量可小到每小时几升，因此在化工原理实验中得到广泛的运用。

一、转子流量计的测量原理

图 2-14 是转子流量计的结构示意图，它基本上由两个部分组成，一个是由下往上逐渐扩大的锥形管；另一个是放在锥形管内的可自由运动的转子。工作时，被测流量（气体或液体）由锥形管下部进入，沿着锥形管向上运动，流过转子与锥形管之间的环隙，再从锥形管上部流出。当流体流过锥形管时，位于锥形管中的转子受到一个向上的"冲力"，使转子浮起。当这个力正好等于浸没在流体里的转子受到的重力（即转子受到的重力等于流体对转子的浮力）时，作用在转子上的上下两个力达到平衡，此时转子就停浮在一定的高度上。若被测流体的流量突然由小变大，则作用在转子上的"冲力"加大，因为转子在流体中受到的重力是不变的（即作用在转子上的向下力是不变的），所以转子会上升。转子在锥形管中的位置升高时，会造成转子与锥形管间的环隙增大（即流通面积增大），随着环隙的增大，流体流过环隙时的流速降低，因而"冲力"也就降低，当"冲力"再次等于转子在流体中受到的重力时，转子又稳定在一个新的高度上。这样，转子在锥形管中的平衡位置的高低与被测介质的流量大小相对应。如果在锥形管外沿对应的高度刻上流量值，那么根据转子平衡位置的高低就可以直接读出流量的大小。这就是转子流量计测量流量的基本原理。

转子流量计中转子的平衡条件是，转子在流体中受到的重力等于流体对转子的"冲力"，由于流体的"冲力"实际上就是流体在转子上下的静压降与转子截面积的乘积，因此转子在流体中的平衡条件是：

$$V_{转}(\rho_{转}-\rho_{流})g=(p_{下}-p_{上})A_{转} \qquad (2\text{-}14)$$

式中：$V_{转}$——转子的体积，m^3；

　　　$\rho_{转}$——转子材料的密度，kg/m^3；

　　　$\rho_{流}$——被测流体的密度，kg/m^3；

　　　g——重力加速度，m/s^2；

　　　$p_{下}$、$p_{上}$——转子下、上流体作用在转子上的静压力；

　　　$A_{转}$——转子的最大横截面积。

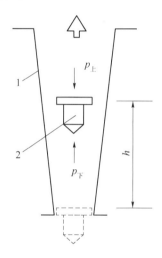

1—锥形管；2—转子。

图 2-14　转子流量计的结构示意图

由于在测量过程中，$V_{转}$、$\rho_{转}$、$\rho_{流}$、$A_{转}$ 均为常数，因此（$p_{下}-p_{上}$）也应为常数，即在转子流量计中，流体的压降是固定不变的。

由流体力学知识可知，压降（$p_{下}-p_{上}$）可用流体流过转子和锥形管的环隙时的速度来表示：

$$p_{下}-p_{上}=\xi\frac{u^2\rho_{流}}{2} \qquad (2\text{-}15)$$

式中：ξ——阻力系数，与转子的形状、流体的黏度等有关，无因次量；

　　　u——流体流过环隙时的流速，m/s。

流过环隙截面流体的流速为

$$u=\sqrt{\frac{V_{转}(\rho_{转}-\rho_{流})2g}{\xi\rho_{流}A_{转}}} \qquad (2\text{-}16)$$

若用 A_0 代表转子与锥形管间的环隙截面积，用 $\varphi=\sqrt{\dfrac{1}{\xi}}$ 代表校正因素，就可以求出流过转子流量计的流体的质量流量：

$$G=u\rho_{流}A_0=\varphi A_0\sqrt{\frac{2gV_{转}(\rho_{转}-\rho_{流})\rho_{流}}{A_{转}}} \qquad (2\text{-}17)$$

或用体积流量表示:

$$Q = uA_0 = \varphi A_0 \sqrt{\frac{2gV_{转}(\rho_{转} - \rho_{流})}{\rho_{流}A_{转}}} \qquad (2-18)$$

对于一定的仪表,φ 是常数。由式(2-17)和式(2-18)可以看出,当用转子流量计测量某种流体的流量时,流过转子流量计的流量只受转子和锥形管间的环隙截面积 A_0 影响。由于锥形管由下往上逐渐扩大,因此 A_0 与转子浮起的高度有关。这样,根据转子的高度就可判断被测流体的流量大小。

二、转子流量计测定其他物质时流量的换算

对于测量液体的转子流量计,由于其在制造时是在常温下用水标定出厂的,因此如果使用时被测流体不是水而是其他液体,则由于密度的不同,必须对流量计刻度进行修正或重新标定。对一般流体来说,当温度和压力改变时,流体的黏度变化不大(一般不超过 0.01 Pa·s),可由式(2-19)方便地得到流体体积流量的修正公式:

$$Q_{实} = KQ_{标} = \sqrt{\frac{(\rho_{转} - \rho_{流})\rho_{水}}{(\rho_{转} - \rho_{水})\rho_{流}}} Q_{标} \qquad (2-19)$$

式中:$Q_{实}$——被测流体实际流量,m^3/s;

$\quad\quad Q_{标}$——用水标定时的刻度流量,m^3/s;

$\quad\quad K$——密度修正系数;

$\quad\quad \rho_{转}$——转子材料的密度,kg/m^3;

$\quad\quad \rho_{流}$——被测流体的密度,kg/m^3;

$\quad\quad \rho_{水}$——标定条件(20 ℃)下水的密度,kg/m^3。

如果已知被测流体的流量、密度等参数,就可以根据式(2-19)选择仪表,也就是选择标定流量满足上述关系的流量计。

同样,测量气体的转子流量计,由于制造时是在工业标准状态下(压力 $p_0 = 1.013 \times 10^5$ Pa,温度 $T_0 = 293$ K)用空气标定出厂的。对于非空气介质和在不同于上述标准状态下使用时,可按下式修正:

$$Q_1 = Q_0 \sqrt{\frac{\rho_0 p_1 T_0}{\rho_1 p_0 T_1}} \qquad (2-20)$$

式中:Q_1、ρ_1、p_1、T_1——工作状态下被测气体的体积流量、密度、绝对压力、绝对温度;

$\quad\quad Q_0$、ρ_0、p_0、T_0——标准状态下(1.013×105 Pa,293 K)空气的体积流量、密度、绝对压力、绝对温度。

2-3-3 涡轮流量计

涡轮流量计为速度式流量计,是在动量守恒定律的基础上设计的。涡轮叶片因受流动流体冲击而旋转,旋转速度(涡轮转速)随流量的变化而改变;通过适当的装置,将涡轮转

速转换成脉冲电信号；然后通过测量脉冲电信号频率，或用适当的装置将脉冲电信号转换成电压或电流输出，最终测得流量。

涡轮流量计的优点：

（1）测量准确度高，可以达到 0.5 级以上，在狭小范围内甚至可达 0.1%，故可作为校验 1.5~2.5 级普通流量计的标准计量仪表；

（2）反应迅速，被测介质为水时，其时间常数一般只有几到几十毫秒，故特别适用于对脉动流量的测量。

1. 涡轮流量计结构及工作原理

如图 2-15 所示，涡轮流量计的主要组成部分有前、后导流器，涡轮，磁电感应转换器（包括永久磁铁和感应线圈），前置放大器和外壳。导流器由导向环（片）及导向座组成。流体在进入涡轮前先经导流器导流，以避免流体的自旋改变流体与涡轮叶片的作用角度，保证仪表的精度。导流器装有摩擦很小的轴承，用以支撑涡轮。轴承的合理选用对延长仪表的使用寿命至关重要。涡轮由高导磁不锈钢制成，装有数片螺旋形叶片。当流体流过时，推动导磁性叶片旋转，周期性地改变磁电系统的磁阻值，使通过涡轮上方线圈的磁通量发生周期性变化，因而在线圈内感应出脉冲电信号。在一定流量范围内，该信号的频率与涡轮速度成正比，也就与流量成正比，因此通过测量脉冲电信号频率的大小得到被测流体的流量。

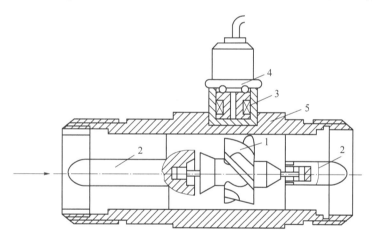

1—涡轮；2—前、后导流器；3—磁电感应转换器；4—前置放大器；5—外壳。

图 2-15　涡轮流量计的结构

2. 使用涡轮流量计时应注意的问题

（1）必须了解被测介质的物理性质、腐蚀性和清洁程度，以便选用合适的涡轮流量计的轴承材料和型式。

（2）涡轮流量计的工作点最好在仪表测量范围上限数值的 50% 以上。这样，即使流量稍有波动，也不致使工作点移到特性曲线下限以外的区域。

（3）应了解被测介质的密度和黏度及其变化情况，考虑是否有必要对涡轮流量计的特性进行修正。

（4）由于涡轮流量计出厂时是在水平安装情况下标定的，因此在使用时，必须水平安装，否则会引起磁电感应转换器的仪表常数发生变化。另外，被测介质的流动方向必须与磁电感应转换器所标箭头方向一致。

（5）为了确保磁电感应转换器的叶轮正常工作，被测介质必须洁净，切勿使污物、铁屑、棉纱等进入磁电感应转换器。因此，需在磁电感应转换器前加装滤网，网孔大小一般为 100 孔/cm^2，特殊情况下可选用 400 孔/cm^2。

（6）因为流场变化时会使流体旋转，改变流体和涡轮叶片的作用角度，此时，即使流量稳定，涡轮的转数也会改变，所以为了保证磁电感应转换器性能稳定，除了在其内部设置导流器，还必须在磁电感应转换器前、后分别留出长度为管径 15 倍、5 倍以上的直管段。

第三章　化工原理基础实验

实验一　伯努利方程实验

一、实验目的

（1）了解在稳定流动过程中，各种形式的机械能（动能、势能、静压能）之间相互转化的关系和机械能的外部表现，并运用伯努利方程分析所观察到的各种现象。

（2）了解测压点的布置方案及其几何结构对压力示值的影响。

二、实验原理

当不可压缩流体在管内稳定流动（同一种连续流体，定常流动，截面速度分布正常）时，截面 1 和 2 的伯努利方程为

$$z_1g+\frac{p_1}{\rho}+\frac{u_1^2}{2}=z_2g+\frac{p_2}{\rho}+\frac{u_2^2}{2}+\Sigma h_{f1-2} \tag{3-1}$$

式中：z_1——截面 1 的高度；

z_2——截面 2 的高度；

p_1——截面 1 处的压力；

p_2——截面 2 处的压力；

u_1——截面 1 处的流速；

u_2——截面 2 处的流速；

ρ——流体密度；

Σh_{f1-2}——单位质量流体由截面 1 流至截面 2 的机械能损失（阻力损失）。

各点的静压力可直接由实验装置中测压管内的水柱高度测得，即可分析管路中任意两截面由位置、速度变化及两截面之间的阻力所引起的静压力变化：

$$\frac{p_1}{\rho}-\frac{p_2}{\rho}=\Delta zg+\frac{u_2^2-u_1^2}{2}+\Sigma h_{f1-2} \tag{3-2}$$

式中：Δz——截面 1 到截面 2 的高度差。

根据伯努利方程分析任意两测点的压力变化情况，再对比实际情况进行分析。在分析过

程中区别压力差与玻璃测压管中液面差之间的区别。

三、实验装置

伯努利方程实验装置如图 3-1 所示，由循环泵、转子流量计、有机玻璃管路、循环水池和实验面板等组成。管路上装有进出口阀门和测压玻璃管。管路中安装了 23 个测压点，如图 3-2 所示。在 φ40 管的突扩和突缩处设置有两个排气点，在 φ40 管下设置有放净口。

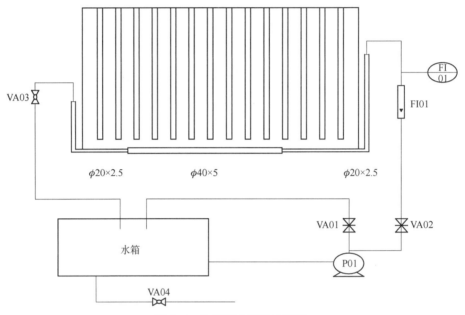

图 3-1 伯努利方程实验装置

四、实验步骤

（1）检查循环水箱，保证水箱内无杂物。

（2）启动泵，全开回路阀 VA01，全关进口阀 VA02 和出口阀 VA03。

（3）排气：关出口阀 VA03，全开进口阀 VA02（让水从各测压点流出）；然后开出口阀 VA03 排主管气（可以关小、开大反复进行，直到排完为止）。

（4）逐渐调节回路阀 VA01，调节水流量。当调到合适水流量时，可进行现象观察；建议本实验进行大流量和小流量两种情况演示。大流量以第 1 个测压管内液面接近最大，小流量则以最后 1 个测压管内液面接近最小。

（5）观察实验现象。

①如图 3-2 所示同一流速下现象观察分析：

a. 由上向下流动现象（1-2 点）；

b. 水平流动现象（3-4-5-6、10-11-12-13-15 点）；

c. 突然扩大漩涡区压力分布情况（6-7-8-9-10 点）；

d. 测速管工作原理（13-14 点）；

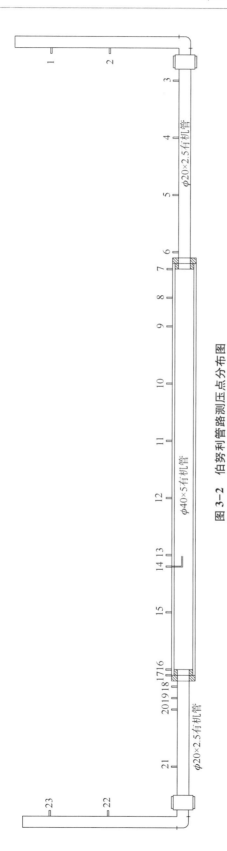

图 3-2 伯努利管路测压点分布图

e. 突然缩小的缩脉流区压力分布情况（16-17-18-19-20 点）；

f. 由下向上流动的情况（21-22-23 点）；

g. 直管阻力测定原理（1-2 点，4-5-6 点，20-21 点，22-23 点等）；

h. 局部阻力测定原理（2-3 点和 21-22 点的弯头测定原理，6-12 点突扩和 16-19 点突缩的测定原理）。

②阀门调节现象观察：

a. 分别关小进口阀、出口阀、回路阀，观察各点静压力的变化情况；

b. 关小进口阀并开大出口阀（或关小出口阀并开大进口阀），维持流量与阀门改变前后相同，观察各点静压力的变化情况。

③转子流量计现象观察：

了解并掌握结构、原理和安装。除注意由势能、动能（扩大或缩小）、动能转化为静压能、摩擦损失引起的静压示值变化外，还应注意由引射、局部速度分布异常而引起的示值异常，了解测压点的布置，以及相对压力示值的可能影响。

五、注意事项

（1）勿碰撞设备，以免玻璃管损坏。

（2）在冬季造成室内温度达到冰点时，应从放水口将玻璃管内水放尽，水箱内严禁存水。

六、实验数据记录及处理

（1）实验设备编号：_____；管中心高度：_____；水黏度：_____；水温度：_____。

（2）实验数据记录表如表 3-1 所示。

表 3-1　实验数据记录表

管路	各点测量高度	大小比较	分析原因
1-2			
2-3			
4-5-6			
6-7			
7-8-9			
10-11-12			
13-14			
14-15-16			
16-17-18-19			
20-21			
21-22			
22-23			

思考题

1. 如何利用伯努利方程测量等直径直管的机械能损失？

2. 伯努利方程表示什么样的物理意义？等式两边应如何解释？

3. 说明动压头、静压头、位压头、总压头在本实验中是如何测得的。

4. 什么是损失压头？与管内流速有何关系？

5. 测速管的工作原理是什么？

实验二　三管传热实验

一、实验目的

（1）了解实验流程及各设备（风机、蒸汽发生器、套管换热器）结构。

（2）用实测法和理论计算法给出传热膜系数 $\alpha_{测}$、$\alpha_{计}$，努塞尔特准数 $Nu_{测}$、$Nu_{计}$ 及传热系数 $K_{测}$、$K_{计}$，分别比较不同的计算值与实测值；并对光滑管与波纹管、扰流管的结果进行比较。

（3）在双对数坐标纸上标出努塞尔特准数 $Nu_{测}$、$Nu_{计}$ 与管内雷诺数 Re 的关系，最后用计算机回归出 $Nu_{测}$ 与 Re 的关系，给出回归的精度（相关系数 R）；对光滑管与波纹管、扰流管的结果进行比较。

（4）比较传热系数 $K_{测}$、$K_{计}$ 与 α_i、α_o 的关系。

二、实验原理

1. 努塞尔特准数 Nu 的测量值、管内传热膜系数 α 的测量值和计算值

（1）管内空气质量流量 G 的计算。

文丘里流量计的标定条件：

$$p_0 = 101\ 325\ \text{Pa}$$
$$T_0 = (273+20)\ \text{K}$$
$$\rho_0 = 1.205\ \text{kg/m}^3$$

文丘里流量计的实际条件：

$$p_1 = p_0 + p_{101}$$
$$T_1 = 273 + T_{101}$$
$$\rho_1 = \frac{p_1 T_0}{p_0 T_1} \rho_0$$

式中：P_{101}——进气压力；

　　　T_{101}——风机出口温度。

　　因此，实际风量为

$$V_1 = C_0 A_0 \sqrt{\frac{2 p_{DI01}}{\rho_1}}$$

式中：C_0——孔流系数 = 0.995；

　　　A_0——喉径截面积，其中管内径 $d_0 = 0.017\ 17$ m；

　　　p_{DI01}——压差，Pa；

　　　ρ_1——空气实际密度，kg/m^3。

管内空气质量流量为 $G=V_1\rho_1$。

（2）管内雷诺数 Re 的计算。

因为空气在管内流动时，其温度、密度、风速均发生变化，而质量流量却为定值，所以其雷诺数的计算按下式进行：

$$Re=\frac{du\rho}{\mu}=\frac{4G}{\pi d\mu}\tag{3-3}$$

式中：d——管内径；

u——管内流体速度；

ρ——流体密度；

μ——流体黏度；

G——质量流量。

上式中的黏度 μ 可按管内定性温度 $T_{定}=(T_{21}+T_{23})/2$ 求出。（以下计算均以光滑管为例）

（3）热负荷计算。

套管换热器在管外蒸汽和管内空气的换热过程中，管外蒸汽冷凝释放出潜热传递给管内空气，以空气为恒算物料进行换热器的热负荷计算。

热量衡算式为

$$q=c_p G\Delta T\tag{3-4}$$

式中：ΔT——空气的温升，$\Delta T=T_{21}-T_{23}$；

c_p——定性温度下空气的定压比热容；

G——空气的质量流量；

q——热负荷。

（4）管内努塞尔特准数 Nu 传热膜系数 α 的测量值，即 $Nu_{测}$、$\alpha_{测1}$。

传热速率方程为

$$q=\alpha_{测1}A_i\Delta T_{mi}$$

式中：A_i——管内表面积，$A_i=d_i\pi L$，$d_i=26$ mm，$L=1\,380$ mm；

ΔT_{mi}——管内平均温度差。

$$\Delta T_{mi}=\frac{\Delta T_A-\Delta T_B}{\ln(\Delta T_A/\Delta T_B)}\quad\begin{array}{l}\Delta T_A=T_{24}-T_{23}\\\Delta T_B=T_{22}-T_{21}\end{array}$$

$$Nu_{测}=\frac{\alpha_{测1}d}{\lambda}$$

（5）管内传热膜系数 α 的计算值，即 α_i。

$$\alpha_i=0.023\frac{\lambda}{d}Re^{0.8}Pr^{0.4}\tag{3-5}$$

式（3-5）中的物性数据 λ 和 Pr 均按管内定性温度求出。努塞尔特准数 Nu 的计算值为

$$Nu_{计}=0.023Re^{0.8}Pr^{0.4}\tag{3-6}$$

2. 管外传热膜系数 α 的测量值和计算值

（1）管外传热膜系数 α 的测量值，即 $\alpha_{测2}$。

已知管内热负荷 q，根据管外蒸汽冷凝传热速率方程 $q = \alpha_{测2} A_o \Delta t_{mo}$，得

$$\alpha_{测2} = \frac{q}{A_o \Delta t_{mo}}$$

式中：A_o——管外表面积，$A_o = d_o \pi L$，$d_o = 30 \text{ mm}$，$L = 1\ 380 \text{ mm}$；

$\quad\quad \Delta T_{mo}$——管外平均温度差。

且有

$$\Delta T_{mo} = \frac{\Delta T_A - \Delta T_B}{\ln(\Delta T_A / \Delta T_B)} = \frac{\Delta T_A - \Delta T_B}{2} \quad \begin{array}{l} \Delta T_A = T_{125} - T_{24} \\ \Delta T_B = T_{125} - T_{22} \end{array}$$

（2）管外传热膜系数 α 的计算值，即 α_o。

根据蒸汽在单根水平圆管外按膜状冷凝传热膜系数计算公式计算出：

$$\alpha_o = 0.725 \left(\frac{\rho^2 g \lambda^3 r}{d_o \Delta T \mu} \right)^{\frac{1}{4}} \tag{3-7}$$

式中：r——汽化热。

式（3-7）中有关水的物性数据均按管外膜平均温度查取。且有

$$T_{定} = \frac{T_{125} + T_W}{2} \quad\quad T_W = \frac{T_{124} + T_{122}}{2} \quad \Delta T = T_{125} - T_W$$

3. 传热系数 K 的测量值和计算值

（1）传热系数 K 的测量值，即 $K_{测}$。

已知管内热负荷 q，传热方程为 $q = K_{测} A_o \Delta T_m$，则

$$K_{测} = \frac{q}{A_o \Delta T_m} \tag{3-8}$$

式中：A_o——管外表面积 $A_o = d_o \pi L$，m^2；

$\quad\quad \Delta T_m$——平均温度差。

$$\Delta T_m = \frac{\Delta T_A - \Delta T_B}{\ln(\Delta T_A / \Delta T_B)} = \frac{\Delta T_A - \Delta T_B}{2} \quad \begin{array}{l} \Delta T_A = T_{125} - T_{123} \\ \Delta T_B = T_{125} - T_{121} \end{array}$$

（2）传热系数 $K_{测}$ 计算值（以管外表面积为基准），即 $K_{计}$。

$$\frac{1}{K_{计}} = \frac{d_o}{d_i} \cdot \frac{1}{\alpha_i} + \frac{d_o}{d_i} \cdot R_i + \frac{d_i}{d_m} \cdot \frac{b}{\lambda} + R_o + \frac{1}{\alpha_o}$$

式中：R_i、R_o——管内、外污垢热阻，可忽略不计；

$\quad\quad \lambda$——铜的热导率。

由于污垢热阻可忽略，铜管管壁热阻也可忽略（铜的热导率很大且铜管壁不厚，若同学有兴趣完全可以计算出来与此项比较），因此上式可简化为

$$\frac{1}{K_{计}} = \frac{d_o}{d_i} \cdot \frac{1}{\alpha_i} + \frac{1}{\alpha_o} \tag{3-9}$$

三、实验装置

三管传热实验装置如图 3-3 所示，主体套管换热器内为一根紫铜管，外套管为不锈钢管。两端法兰连接，外套管设置有两对视镜，方便观察管内蒸汽冷凝情况。管内铜管测点间有效长度为 1 380 mm。

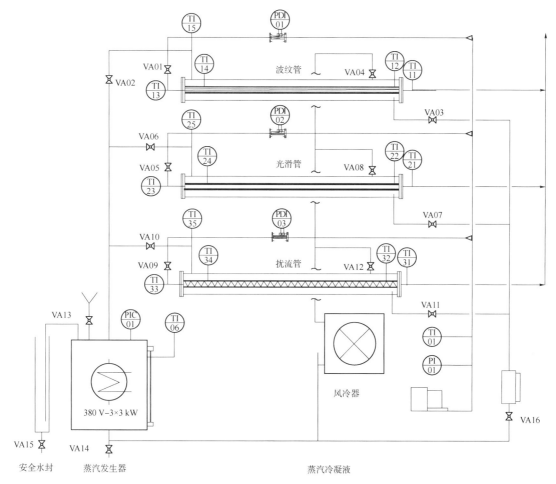

TI01—风机出口温度（校正用）；TI11—波纹管出口温度；TI13—波纹管进气温度；TI14—波纹管进口截面壁温；TI12—波纹管出口截面壁温；TI15—波纹管夹套蒸汽温度；TI21—光滑管出口温度；TI22—光滑管出口截面壁温；TI23—光滑管进气温度；TI24—光滑管进口截面壁温；TI25—光滑管夹套蒸汽温度；TI31—扰流管出口温度；TI33—扰流管进气温度；TI34—扰流管进口截面壁温；TI32—扰流管出口截面壁温；TI35—扰流管夹套蒸汽温度；VA01—波纹管进气阀；VA02—波纹管蒸汽进口阀；VA03—波纹管冷凝液排出阀；VA04—波纹管不凝气排出阀；VA05—光滑管进气阀；VA06—光滑管蒸汽进口阀；VA07—光滑管冷凝液排出阀；VA08—光滑管不凝气排出阀；VA09—扰流管进气阀；VA10—扰流管蒸汽进口阀；VA11—扰流管冷凝液排出阀；VA12—扰流管不凝气排出阀；VA13—蒸汽发生器进水阀；VA14—蒸汽发生器排水阀；VA15—安全液封排水阀；VA16—冷凝水储罐排水阀；PI01—进气压力传感器（校正流量用）压力；PIC01—蒸汽发生器压力；PDI01—波纹管文丘里压差传感器压力；PDI02—光滑管文丘里压差传感器压力；PDI03—扰流管文丘里压差传感器压力。

图 3-3 三管传热实验装置

1. 流程说明

空气由风机送出，经文丘里流量计后进入被加热铜管进行换热，自另一端排出放空。在空气进出口铜管管壁上分别装有两个热电阻，可分别测出两个截面上的壁温；空气管路前端分别设置一个测压点 PI01 和一个测温点 TI01，用于计算时对空气密度的校正。

注意：图 3-3 中 TI、PI（PIC）、PDI 分别表示测量温度、压力、压力差的仪器；而公式中的 T_I、p_I（p_{IC}）、p_{DI} 分别表示用上述仪器测得的温度、压力和压力差的数值。

蒸汽进入套管换热器，冷凝释放潜热。为防止蒸汽内有不凝气体，本装置设置有不凝气排空口，不凝气排空口排出的蒸汽经过风冷器冷却后，冷凝液则回流到蒸汽发生器内再利用。

2. 设备仪表参数

套管换热器：内加热紫铜管为 $\phi30$ mm×2，有效加热长 1 380 mm；抛光不锈钢套管为 $\phi76$ mm×2，外保温为 $\phi114$ mm×1.5。

漩涡气泵：风压 27 kPa，风量 210 m³/h，功率 2 200 W。

文丘里流量计：孔径 $d_0 = 17.17$ mm，$C_0 = 0.995$。

热电阻传感器：Pt100。

压差传感器：PDI01～PDI03 为 0～10 kPa。

压力传感器：PI01 为 0～50 kPa；PIC01 为 0～10 kPa。

四、实验步骤

1. 实验前准备工作

（1）检查水位：通过蒸汽发生器液位计观察蒸汽发生器内水位是否处于液位计的 50%～80%，若少于 50% 则需要补充蒸馏水；此时需开启 VA13，通过加水口补充蒸馏水。

（2）检查电源：检查装置外供电是否正常（空开是否闭合等）；检查装置控制柜内空开是否闭合（首次操作时需要检查，建议控制柜空开长期闭合，不要经常开启控制柜）。

（3）按下装置控制柜上面"总电源"和"控制电源"按钮，打开触控一体机，检查触摸屏上温度、压力等测点是否显示正常，是否有坏点或者显示不正常的点。

（4）检查阀门：启动风机前，确保风机管路出口阀门处于开启状态。

2. 开始实验

点击触摸屏面板上蒸汽发生器的"固定加热"按钮和"可调加热"按钮，同时将"可调加热"选择为"自动"，设置压力为 2 kPa（建议 2 kPa）。待 $T_{I25} \geqslant 90$ ℃时，关闭"固定加热"。点击"漩涡气泵"按钮，启动气泵开关，微调波纹管及光滑管进气阀门开度，使三根管的文丘里流量计示数基本一致。当换热管壁温 ≥98 ℃时，调节风机转速，使文丘里流量计按如下数据记录：0.12、0.22、0.4、0.6、0.8、1.6、最大（kPa）共 7 个点，每个数据点稳定约 2 min，点击触摸屏上"记录数据"按钮，即可同时记录不同换热管的实验数据。

实验结束时，点击"蒸汽发生器"按钮，关闭电加热。点击"风机"按钮，关闭漩涡气泵电源，关闭装置外供电。

3. 实验结束

实验结束后，如长期不使用实验装置，需放净蒸汽发生器和液封中的水。

五、注意事项

（1）在启动风机前，应检查三相动力电源是否正常，缺相容易烧坏电动机；同时为保证安全，实验前应检查接地是否正常；

（2）进行每组实验前，应检查蒸汽发生器内的水位是否合适，水位过低或无水，电加热会烧坏。电加热是湿式电加热，严禁干烧。

（3）长期不用时应将设备内水放净。

（4）严禁学生打开电柜，以免发生触电。

六、实验数据记录及处理

（1）实验设备编号：_____；管内径：_____；管外径：_____；管长：_____；文丘里流量计孔径 d_0 及孔流系数 C_0：_____；有效加热管长：_____；水温度：_____；水黏度：_____；大气压：_____。

（2）数据记录表和数据结果表如表 3-2 和表 3-3 所示。

表 3-2　数据记录表

编号	p_{I01}/kPa	T_{I01}/℃	p_{DI}/kPa	T_{II1}/℃	T_{II3}/℃	T_{II2}/℃	T_{II4}/℃	T_{II5}/℃
1								
2								
3								
4								
5								
6								
7								
8								

表 3-3　数据结果表

编号	管内					管外		总	
	Re	$\alpha_{测1}$/(W·m^{-2}·K^{-1})	$Nu_{测}$	$\alpha_{计}$/(W·m^{-2}·K^{-1})	$Nu_{计}$	$\alpha_{计}$/(W·m^{-2}·K^{-1})	$\alpha_{测1}$/(W·m^{-2}·K^{-1})/(W·m^{-2}·K^{-1})	$K_{测}$/(W·m^{-2}·K^{-1})	$K_{计}$/(W·m^{-2}·K^{-1})
1									
2									
3									

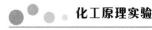

思考题

1. 管内空气流动速度对传热膜系数 α 有何影响？

2. 当空气速度增大时，空气离开热交换器时的温度将升高还是降低？为什么？

3. 影响传热系数 K 的因素有哪些？

4. 本实验可采取哪些措施强化传热？

5. 在蒸汽冷凝时，若存在不凝气体，将会有什么变化？应该采取什么措施？

6. 实验过程中，冷凝水若不及时排除，会产生什么影响？如何及时排除冷凝水？

7. 本实验中管壁温度应接近蒸汽的温度还是空气的温度？为什么？

实验三 筛板精馏实验

一、实验目的

（1）熟悉板式精馏塔的结构、流程及各部件的结构作用。

（2）了解精馏塔的正确操作，学会正确处理各种异常情况。

（3）用作图法和计算法确定精馏塔部分回流时理论板数，并计算出全塔效率。

二、实验原理

蒸馏是利用液体混合物中各组分的挥发度不同而达到分离目的。此项技术现已广泛应用于石油、化工、食品加工及其他领域，其主要目的是将混合液进行分离。根据料液分离的难易、分离的纯度不同，此项技术又可分为一般蒸馏、普通精馏及特殊精馏等。本实验是针对乙醇-水系统做普通精馏验证性实验。

根据纯验证性（非开发型）实验要求，本实验只做全回流和某一回流比下的部分回流两种情况下的实验。

1. 乙醇-水系统特征

乙醇-水系统的 x-y 图及 t-$x(y)$ 图如图 3-4 所示。

乙醇-水系统属于非理想溶液，具有较大正偏差，由图 3-4 可知，其最低恒沸点为 78.15 ℃，恒沸组成为 0.894 mol/%。

	t/℃	x/%	y/%
1	100.0	0.00	0.00
2	95.50	1.90	17.00
3	89.00	7.21	38.91
4	86.70	9.66	43.75
5	85.30	12.38	47.04
6	84.10	16.61	50.89
7	82.70	23.37	54.45
8	82.30	26.08	55.80
9	81.50	32.73	58.26
10	80.70	39.65	61.22
11	79.80	50.79	65.64
12	79.70	51.98	65.99
13	79.30	57.32	68.41
14	78.74	67.63	73.85
15	78.41	74.72	78.15
16	78.15	89.43	89.43

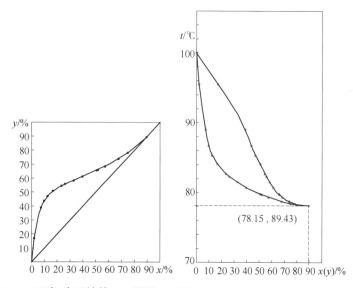

图 3-4 乙醇-水系统的 x-y 图及 t-x 图

结论：（1）普通精馏塔顶组成 x_D<0.894，若要得到高纯度酒，需采用其他特殊精馏方法；

（2）乙醇-水系统为非理想体系，平衡曲线不能用 $y=f(\alpha,x)$ 来描述，只能用原平衡数据描述。

2. 全回流

乙醇-水系统理论板图解如图 3-5 所示，由图可知，全回流的特征如下：

（1）塔与外界无物料流（不进料，无产品）；

（2）操作线 $y=x$（每板间上升的气相组成＝下降的液相组成）；

（3）$x_D - x_W$ 最大化（即理论板数最小化）。

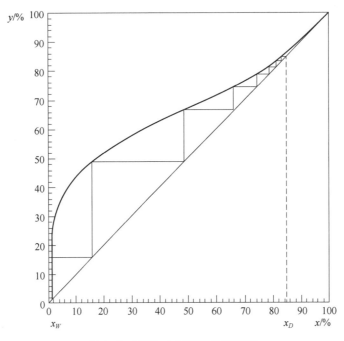

图 3-5　乙醇-水系统理论板图解

在实际工业生产中，全回流应用于设备的开停车阶段，使系统运行尽快达到稳定。

3. 部分回流

可以测出以下数据。

（1）温度：t_D、t_F、t_W。

（2）组成：x_D、x_F、x_W。

（3）流量：F、D、L（塔顶回流量）。

（4）回流比：

$$R=L/D \tag{3-10}$$

（5）精馏段操作线：

$$y=\frac{R}{R+1}x+\frac{x_D}{R+1} \tag{3-11}$$

（6）进料热状况 q：根据 x_F，在 $t-x(y)$ 相图中可分别查出露点温度 t_V 和泡点温度 t_L，则

$$q=\frac{I_V-I_F}{I_V-I_L}=\frac{1\ \text{kmol 原料变成饱和蒸气所需的热量}}{\text{原料的摩尔汽化潜热}} \tag{3-12}$$

（7）I_V：在 x_F 组成、露点温度 t_V 下，饱和蒸气的焓，其计算式为

$$I_V = x_F I_A + (1-x_F) I_B = x_F \left[c_{PA}(t_V - 0) + r_A \right] + (1-x_F) \left[c_{PB}(t_V - 0) + r_B \right]$$

式中：c_{PA}、c_{PB}——乙醇、水在定性温度 $t = (t_V + 0)/2$ 下的比热容，J/（mol·K）；

　　　r_A、r_B——乙醇、水在露点温度 t_V 下的汽化潜热，J/mol。

（8）I_L：在 x_F 组成、泡点温度 t_L 下，饱和液体的焓，其计算式为

$$I_L = x_F I_A + (1-x_F) I_B = x_F \left[c_{PA}(t_L - 0) \right] + (1-x_F) \left[c_{PB}(t_L - 0) \right]$$

式中：c_{PA}、c_{PB}——乙醇、水在定性温度 $t = (t_L + 0)/2$ 下的比热容，J/（mol·K）。

（9）I_F：在 x_F 组成、实际进料温度 t_F 下，原料实际的焓。本实验是在常温下（冷液）进料，$t_F < t_L$，则

$$I_F = x_F I_A + (1-x_F) I_B = x_F \left[c_{PA}(t_F - 0) \right] + (1-x_F) \left[c_{PB}(t_F - 0) \right]$$

式中：c_{PA}、c_{PB}——乙醇、水在定性温度 $t = (t_F + 0)/2$ 下的比热容，J/（mol·K）。

（10）q 线方程：

$$y_q = \frac{q}{q-1} x_q - \frac{x_F}{q-1} \tag{3-13}$$

（11）d 点坐标：根据精馏段操作线方程和 q 线方程可解得其交点坐标 (x_d, y_d)。

（12）提馏段操作线方程：根据图 3-6 中的 (x_w, y_w) 和 (x_d, y_d) 两点坐标，可求得提馏段操作线方程。

根据以上计算结果作出相图，如图 3-6 所示。

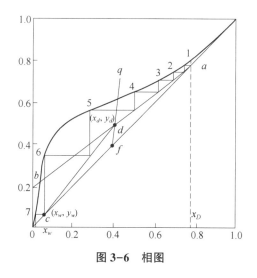

图 3-6　相图

根据作图法或逐板计算法可求算出部分回流下的理论板数 $N_{理论}$。

根据以上求得的全回流或部分回流的理论板数，从而可分别求得其全塔效率 E_T：

$$E_T = \frac{N_{理论} - 1}{N_{实际}} \times 100\% \tag{3-14}$$

三、实验装置

筛板精馏实验装置如图 3-7 所示。

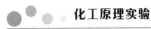
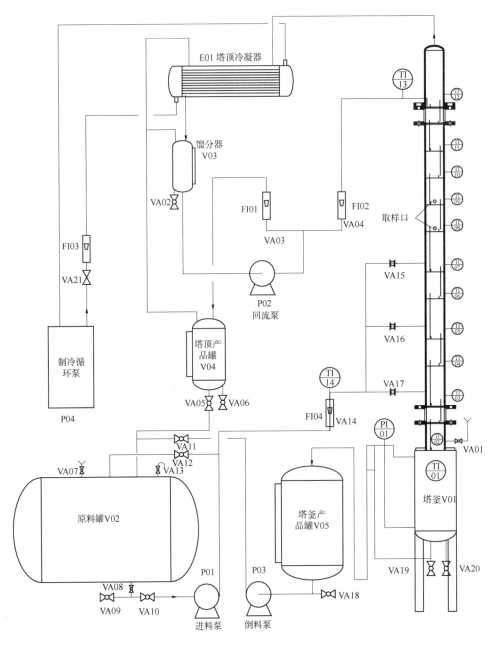

VA01—塔釜加料阀；VA02—馏分器取样阀；VA03—塔顶采出流量调节阀；VA04—回流流量调节阀；VA05—塔顶产品罐放料阀；VA06—塔顶产品罐取样阀；VA07—原料罐加料阀；VA08—原料罐放料阀；VA09—原料罐取样阀；VA10—原料罐出料阀；VA11—塔釜产品倒料阀；VA12—原料罐循环搅拌阀；VA13—原料罐放空阀；VA14—进料流量调节阀；VA15—塔体进料阀1；V16—塔体进料阀2；VA17—塔体进料阀3；VA18—塔釜产品罐取样阀；VA19—塔釜放净阀；VA20—塔釜取样阀；VA21—冷却水流量调节阀；TI01—塔釜温度；TI02—塔身下段温度1；TI03—进料段温度1；TI04—塔身下段温度2；TI05—进料段温度2；TI06—塔身中段温度；TI07—进料段温度3；TI08—塔身上段温度1；TI09—塔身上段温度2；TI10—塔身上段温度3；TI11—塔身上段温度4；TI12—塔顶温度；TI13—回流温度；TI14—进料温度；PI01—塔釜压力；FI01—塔顶采出流量计；FI02—回流流量计；FI03—冷却水流量计；FI04—进料流量计。

图3-7　筛板精馏实验装置

1. 流程说明

进料：进料泵从原料罐内抽出原料液，经过进料流量计后由塔体中间进料口进入塔体。

塔顶出料：塔内水蒸气上升至冷凝器，水蒸气走壳程，冷却水走管程，水蒸气冷凝成液体，流入馏分器，经回流泵后分为两路，一路经回流流量计回流至塔内，另一路经塔顶采出流量计流入塔顶产品罐。

塔釜出料：塔釜液经溢流流入塔釜产品罐。

循环冷却水：冷却水来自制冷循环泵，经冷却水流量调节阀 VA21 控制，冷却水流量计计量，冷却水流入冷凝器，然后走管程，水蒸气走壳程，热交换后冷却水循环返回制冷循环泵。

2. 设备仪表参数

精馏塔：塔内径 $D = 68$ mm，塔内采用筛板及圆形降液管，共有 12 块板，普通段塔板间距为 100 mm，进料段塔板间距为 150 mm，视盅段塔板间距为 70 mm。

塔板：筛板开孔 $d = 3$ mm，筛孔数 $N = 50$，开孔率 9.73%；

进料泵、回流泵、倒料泵：磁力泵，流量 7 L/min，扬程 4 m；

流量计：进料流量计 10～100 mL/min，回流流量计 25～250 mL/min，塔顶采出流量计 2.5～25 mL/min，冷却水流量计 1～11 L/min。

总加热功率：4.5 kW。

压力传感器：0～10 kPa。

温度传感器：Pt100，直径 3 mm。

四、实验步骤（以乙醇−水系统为例）

1. 开车

（1）开启装置电源、控制电源，启动触摸屏。

（2）配好进料液约 30%（体积分数）的乙醇水溶液，分析出实际浓度，加入原料罐。同时，开启原料泵和原料罐循环搅拌阀 VA12 使原料混合均匀。

（3）打开塔釜加料阀 VA01，在塔釜加入约 10%（体积分数）的原料乙醇水溶液，釜液位与塔釜出料口持平（也可低于出料口，但液位过低时电加热无法启动）。

（4）打开冷却水流量调节阀 VA21 至最大，流量约 7 L/min。

（5）开启电加热电源，选择加热方式，维持塔釜加热功率在 2 kW 左右。

（6）打开回流流量调节阀 VA04，进行全回流操作。根据馏分器液位高度调节回流流量，回流流量控制在 80～150 mL/min。

2. 进料稳定阶段

（1）当塔顶有回流后，维持塔釜压力为 0.6～0.7 kPa。

（2）全回流操作稳定一段时间后，打开加料泵，将加料流量调至 60 mL/min。

（3）维持塔顶温度、塔底温度、馏分器液位不变后操作才算稳定。

3. 部分回流

（1）打开塔顶采出流量调节阀 VA03 进行部分回流操作，一般情况下回流比控制在 $R =$

$L/D=4\sim8$ 范围（此可根据自己情况来定）。

（2）分别读取塔顶、塔釜、进料的温度，取样检测酒度，记录相关数据。

注：乙醇-水系统可通过酒度比重计测得乙醇浓度，操作简单快捷，但精度较低，若要实现高精度的测量，可利用气相色谱进行浓度分析。

4. 非正常操作（非正常操作种类，选做）

（1）回流比过小（塔顶采出量过大）引起的塔顶产品浓度降低。

（2）进料量过大，引起降液管液泛。

（3）加热电压过低，容易引起塔板漏液。

（4）加热电压过高，容易引起塔板过量雾沫夹带甚至液泛。

5. 停车

（1）实验完毕后，关闭进料泵、塔顶采出流量调节阀，开启回流流量调节阀，维持全回流状态约 5 min。

（2）关闭电加热，等板上无气液时关闭塔顶冷却水。

五、注意事项

（1）每组实验前应观察蒸汽发生器内的水位，水位过低或无水，电加热会烧坏。因为电加热是湿式电加热，必须在塔釜有足够液体时（必须掩埋住电加热）才能启动电加热，否则会烧坏电加热，因此，严禁塔釜干烧。

（2）塔釜进行出料操作时，应紧密观察塔釜液位，防止液位过高或过低。严禁无人看守塔釜进行放料操作。

（3）长期不用时，应将设备内水放净。在冬季造成室内温度达到冰点时，设备内严禁存水。

（4）严禁打开电柜，以免发生触电。

六、实验数据记录及处理

（1）实验设备编号：_____；实际板数：_____；加热功率：_____；冷却水流量：_____；进料流量：_____；塔顶采出流量：_____；回流流量：_____。

（2）记录有关实验数据，用逐板计算法和作图法求得理论板数并完成表 3-4 和表 3-5。

表 3-4　部分回流时的数据记录表

塔顶产品				进料				塔釜产品			
t	V_t	V_{20}	x_D	t	V_t	V_{20}	x_F	t	V_t	V_{20}	x_W

注：1. V_t——样品在温度 t 时的酒精度；

　　2. V_{20}——样品在 20 ℃时的酒精度。

表 3-5　部分回流时的数据结果表

| 压力/Pa | 温度/℃ | | 进料流量 | R | t_F | q | 理论板数 N | | E_t |
	顶	釜	$F/(\mathrm{mL \cdot min^{-1}})$				计	图	计

注：1. 表 3-5 中进料温度 t_F 与表 3-4 中样品温度 t 一致；

　　2. 计——逐板计算法；

　　3. 图——作图法。

（3）作部分回流下的图解图（为保证作图的精确，要求在塔釜和塔顶进行放大处理）。

（4）在用逐板计算法或作图法求总理论板数时，要求精确到 0.1 块。在计算到最后一板时，应根据塔釜组成 x_W 和 x_n、x_{n-1} 数据进行比例计算。在作图时，在塔釜放大图中也应按此比例计算。

 思考题

1. 怎样判定全塔操作已稳定？

2. 什么是全回流？全回流操作有哪些特点？在实际生产中有什么意义？

3. 塔釜加热热负荷大小对精馏塔的操作有什么影响？

4. 增加塔板数，能否得到无水乙醇？为什么？

5. 精馏塔塔板效率受哪些因素影响？

6. 在工程实际中何时采用全回流操作？

7. 进料热状态对精馏塔的操作有何影响？q 线方程如何确定？

8. 评价塔板的性能指标是什么？

实验四　吸收与解吸实验

一、实验目的

（1）了解吸收与解吸装置的设备结构、流程和操作。

（2）了解气速和喷淋密度对吸收传质系数的影响，学会吸收传质系数的测定方法。

（3）了解影响解吸传质系数的因数，学会解吸塔传质系数的测定方法。

（4）掌握吸收解吸联合操作，观察塔釜溢流及液泛现象。

二、实验原理

1. 吸收实验

根据传质速率方程，在假定吸收传质系数 K_{xa} 为常数、等温、低吸收率（或低浓、难溶等）条件下，推导得出吸收速率方程：

$$G_{xa} = K_{xa} V \Delta X_m$$

式中：K_{xa}——吸收传质系数，$kmol/(m^3 \cdot h)$；

　　　G_{xa}——填料塔的吸收量，$kmol/h$；

　　　V——填料层的体积，m^3；

　　　ΔX_m——填料塔的平均推动力。

（1）G_{xa} 的计算。

由涡轮流量计和质量流量计分别测得水流量 $L_S(m^3/h)$、空气流量 $V_B(m^3/h)$（20 ℃，101.325 kPa 状态下的流量值），y_1 及 y_2 可由 CO_2 分析仪直接读出，则可得

$$L_S = V_S \rho_水 / M_水 \tag{3-15}$$

$$G_B = \frac{V_B \rho_0}{M_{空气}} \tag{3-16}$$

标准状态下 $\rho_0 = 1.205 \ g/cm^3$，$M_{空气} = 29$。因此可计算出 L_S 和 G_B。

又由全塔物料衡算得

$$G_{xa} = L_S(X_1 - X_2) = G_B(Y_1 - Y_2) \tag{3-17}$$

$$Y_1 = \frac{y_1}{1 - y_1}, \ Y_2 = \frac{y_2}{1 - y_2} \tag{3-18}$$

故认为吸收剂自来水中不含 CO_2，则 $X_2 = 0$，从而可计算出 G_{xa} 和 X_1。

（2）ΔX_m 的计算。

根据测出的水温可插值求出亨利常数 E，本实验中 $p = 1 \ atm$（其中 $1 \ atm = 101 \ 325 \ Pa$）。由 $m = E/p$，从而可得

$$\Delta X_m = \frac{\Delta X_2 - \Delta X_1}{\ln \dfrac{\Delta X_2}{\Delta X_1}}, \Delta X_2 = X_{e2} - X_2, X_{e2} = \frac{Y_2}{m}, \Delta X_1 = X_{e1} - X_1, X_{e1} = \frac{Y_1}{m} \tag{3-19}$$

根据 $Y = \dfrac{y}{1-y}$，将 y 换算成 Y。

表 3-6 不同温度下 CO_2-H_2O 的相平衡常数

温度 t/℃	5	10	15	20	25	30	35	40
$m = E/p$	877	1 040	1 220	1 420	1 640	1 860	2 083	2 297

2. 解吸实验

根据传质速率方程，在假定 K_{ya} 为常数、等温、低解吸率（或低浓、难溶等）条件下，推导得出解吸速率方程：

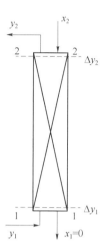

$$G_{ya} = K_{ya} V \Delta Y_m \qquad (3\text{-}20)$$

式中：K_{ya}——解吸传质系数，$kmol/(m^3 \cdot h)$；

G_{ya}——填料塔的解吸量，$kmol/h$；

V——填料层的体积，m^3；

ΔY_m——填料塔的平均推动力。

（1）G_{ya} 的计算。

由流量计测得 $V_S(m^3/h)$、$V_B(m^3/h)$，y_1 及 y_2（体积浓度，可由 CO_2 分析仪直接读出），则可得

$$L_S = V_S \rho_{水} / M_{水} \qquad (3\text{-}21)$$

$$G_B = \frac{V_B \rho_0}{M_{空气}} \qquad (3\text{-}22)$$

标准状态下 $\rho_0 = 1.205\ g/cm^3$，因此可计算出 L_S、G_B。又由全塔物料衡算得

$$G_{ya} = L_S(X_1 - X_2) = G_B(Y_1 - Y_2) \qquad (3\text{-}23)$$

$$Y_1 = \frac{y_1}{1-y_1},\ Y_2 = \frac{y_2}{1-y_2} \qquad (3\text{-}24)$$

因为解吸塔是直接将吸收后的液体用于解吸，所以进塔液体浓度 X_2（解吸塔）即为前吸收计算出来的实际浓度 X_1（吸收塔），则可计算出 G_{ya} 和 X_1。

（2）ΔY_m 的计算。

根据测出的水温可插值求出亨利常数 E，本实验中 $p = 1\ atm$ 由 $m = E/p$，则可得

$$\Delta Y_m = \frac{\Delta Y_2 - \Delta Y_1}{\ln \dfrac{\Delta Y_2}{\Delta Y_1}},\ \Delta Y_2 = Y_{e2} - Y_2,\ Y_{e2} = m X_2,\ \Delta Y_1 = Y_{e1} - Y_1,\ Y_{e1} = m X_1 \qquad (3\text{-}25)$$

根据 $Y = \dfrac{y}{1-y}$，将 y 换算成 Y。

三、实验装置

本实验是在填料塔中用水吸收空气和 CO_2 混合气中的 CO_2，以及用空气解吸水中的 CO_2 以求得填料塔的吸收传质系数和解吸传质系数。吸收与解吸实验装置如图 3-8 所示。

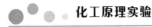

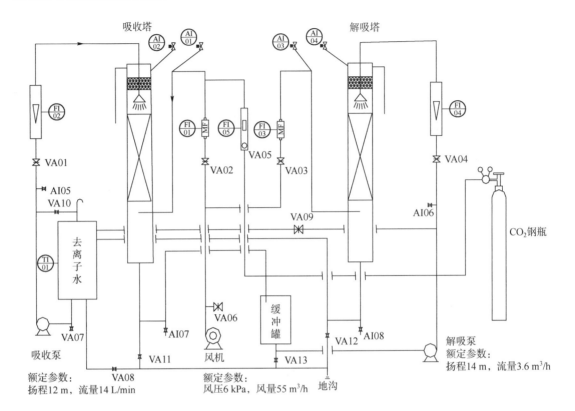

VA01—吸收液流量调节阀；VA02—吸收塔空气流量调节阀；VA03—解吸塔空气流量调节阀；VA04—解吸液流量调节阀；VA05—吸收塔 CO_2 流量调节阀；VA06—风机旁路调节阀；VA07—吸收泵放净阀；VA08—水箱放净阀；VA09—解吸液回流阀；VA10—吸收泵回流阀；AI01—吸收塔进气采样阀；AI02—吸收塔排气采样阀；AI03—解吸塔进气采样阀；AI04—解吸塔排气采样阀；AI05—吸收塔塔顶液体采样阀；AI06—吸收塔塔底液体采样阀；AI07—解吸塔塔顶液体采样阀；AI08—解吸塔塔底液体采样阀；VA11—吸收塔放净阀；VA12—解吸塔放净阀；VA13—缓冲罐放净阀；TI01—液相温度；FI01—吸收塔空气流量计；FI02—吸收液流量计；FI03—解吸塔空气流量计；FI04—解吸液流量计；FI05— CO_2 流量计。

图 3-8　吸收与解吸实验装置

1. 流程说明

空气：空气来自风机出口总管，分成两路：一路经吸收塔空气流量计 FI01 与来自 CO_2 流量计 FI05 的 CO_2 混合后进入吸收塔塔底，与塔顶喷淋下来的吸收剂（水）逆流接触吸收，吸收后的尾气排入大气。另一路经解吸塔空气流量计 FI03 进入解吸塔塔底，与塔顶喷淋下来的含 CO_2 水溶液逆流接触进行解吸，解吸后的尾气排入大气。

CO_2：钢瓶中的 CO_2 经减压阀、吸收塔 CO_2 流量调节阀 VA05、CO_2 流量计 FI05，进入吸收塔。

水：吸收用水为水箱中的去离子水，经吸收泵和吸收液流量计 FI02 送入吸收塔塔顶，去离子水吸收 CO_2 后进入塔底，经解吸泵和解吸液流量计 FI04 进入解吸塔塔顶，解吸液和不含 CO_2 气体接触后流入塔底，经解吸后的溶液从解吸塔塔底经倒 U 形管溢流至水箱。

取样：在吸收塔气相进口设有吸收塔进气采样阀 AI01、出口设有吸收塔排气采样阀

AI02，在解吸塔气体进口设有解吸塔进气采样阀 AI03、出口有解吸塔排气采样阀 AI04，待测气体从取样口进入 CO_2 分析仪进行含量分析。

2. 设备仪表参数

吸收塔：塔内径 100 mm，填料层高 550 mm，填料为陶瓷拉西环，丝网除沫。

解吸塔：塔内径 100 mm，填料层高 550 mm，填料为 $\phi 6$ 不锈钢 θ 环，丝网除沫。

风机：漩涡气泵，6 kPa，55 m^3/h。

吸收泵：扬程 12 m，流量 14 L/min。

解吸泵：扬程 14 m，流量 3.6 m^3/h。

饱和罐：PE，50 L。

温度传感器：Pt100 传感器，0.1 ℃。

流量计：水涡轮流量计，200～1 000 L/h，0.5%FS；气相质量流量计，0～1.2 m^3/h，±1.5%FS；气相转子流量计，1～4 L/min。

CO_2 分析仪：量程 20%VOL，分辨率 0.01%VOL。

四、实验步骤

（1）水箱中加入去离子水至水箱液位的 75% 左右，开启吸收泵及吸收泵回流阀 VA10，待吸收塔底有一定液位时，开启解吸泵及解吸液回流阀 VA09，调节吸收液流量调节阀 VA01 和解吸液流量调节阀 VA04 到实验所需流量。（按 250 L/h、400 L/h、550 L/h、700 L/h 水量调节）

（2）全开 VA06、VA02、VA03，启动风机，逐渐关小 VA06，可微调 VA02、VA03 使 FI01、FI03 风量为 0.4～0.5 m^3/h。实验过程中维持此风量不变。

（3）开启 VA05，开启 CO_2 钢瓶总阀，微开减压阀，根据 CO_2 分析仪读数可微调 VA05 使 CO_2 流量为 1～2 L/min。实验过程中维持此流量不变。

特别提示：由于从 CO_2 钢瓶中经减压释放出来的 CO_2，流量需要一定稳定时间，因此为减少不必要的电能浪费，最好将此步骤提前半个小时进行，约半个小时后 CO_2 流量可以达到稳定，然后开泵和风机。

（4）当各流量维持一定时间后（填料塔体积约 5 L，气量按 0.4 m^3/h 计，全部置换时间约 45 s，即 2 min 为稳定时间），打开 AI01，在线分析进口 CO_2 浓度，等待2 min，检测数据稳定后采集数据，再打开 AI02，等待 2 min，检测数据稳定后采集数据。依次打开 AI03、AI04 采集解吸塔进、出口气相 CO_2 浓度。同时，分别从 AI05、AI06、AI07，取样检测液相 CO_2 浓度。

液相 CO_2 浓度检测方法：用移液管取浓度约 0.1 mol/L 的 $Ba(OH)_2$ 溶液 10 mL 于锥形瓶中，用另一支移液管取 25 mL 待测液加入盛有 $Ba(OH)_2$ 溶液的锥形瓶中，用橡胶塞塞好并充分振荡，然后加入 2 滴酚酞指示剂，用浓度约 0.1 mol/L 的 HCl 溶液滴定待测溶液由紫红色变为无色。按以下公式计算得出溶液中 CO_2 的浓度：

$$C_{CO_2} = \frac{2C_{Ba(OH)_2}V_{Ba(OH)_2} - C_{HCl}V_{HCl}}{2V_{CO_2}} \tag{3-26}$$

（5）调节水量（按 250 L/h、400 L/h、550 L/h、700 L/h 调节水量），每个水量稳定后，按上述步骤依次取样。

（6）实验完毕后，应先关闭 CO_2 钢瓶总阀，等 CO_2 分析仪中无流量后，关闭减压阀，停风机，关泵。

五、注意事项

（1）在启动风机前，确保风机旁路阀处于打开状态，防止风机因憋压而剧烈升温。

（2）因为泵是机械密封的，所以必须在泵有水时使用，若泵内无水空转，则易造成机械密封件升温损坏而导致密封不严，需专业生产厂家更换机械密封。因此，严禁泵内无水空转！

（3）长期不用时，应将设备内水放净。

（4）严禁打开电柜，以免发生触电。

六、实验数据记录及处理

（1）实验设备编号：_____；

吸收实验：水温 = _____，空气流量 = _____，CO_2 流量 = _____，空气进口组成 = _____；

解吸实验：水温 = _____，空气流量 = _____，CO_2 流量 = _____，空气进口组成 = _____。

（2）数据记录表和计算结果表如表 3-7、表 3-8、表 3-9 及表 3-10 所示。

表 3-7　吸收实验数据记录表

组别	水流量 V_S/ $(L \cdot h^{-1})$	气体组成		空气流量 $V_B/(m^3 \cdot h^{-1})$	温度 $T_{101}/℃$
		y_1	y_2		
1					
2					
3					
4					

表 3-8　解吸实验数据记录表

组别	水流量 V_S/ $(L \cdot h^{-1})$	气体组成		空气流量 $V_B/(m^3 \cdot h^{-1})$	温度 $T_{101}/℃$
		y_3	y_4		
1					
2					
3					
4					

表 3-9 吸收实验处理结果表

组别	m	L_S	G_B	Y_1	Y_2	G_{xa}	X_1	X_{e1}	X_{e2}	ΔX_1	ΔX_2	ΔX_m	K_{xa}
1													
2													
3													
4													

表 3-10 解吸实验计算结果表

组别	m	L_S	G_B	Y_3	Y_4	G_{ya}	X_3	X_4	Y_{e3}	Y_{e4}	ΔY_3	ΔY_4	ΔY_m	K_{ya}
1														
2														
3														
4														

溶液标定方法有以下两种。

方法一：

（1）0.1 mol/L 盐酸溶液的配制：取 9 mL 左右浓盐酸于 1 L 容量瓶中，定容，摇匀。

（2）溴甲酚绿-甲基红混合指示剂：取 1 g/L 溴甲酚绿-乙醇溶液和 2 g/L 甲基红-乙醇溶液，按体积比为 3∶1 进行混合。

（3）0.1 mol/L 溶液的标定：取 270~300 ℃ 干燥至恒重的无水碳酸钠基准试剂约 0.2 g，精密称量（精确至万分位），置于 250 mL 锥形瓶中。加入 50 mL 蒸馏水，加入 10 滴溴甲酚绿-甲基红混合指示剂，用配置好的盐酸溶液滴定至溶液由绿色变为暗红色，煮沸 2~3 min，冷却后继续滴定至溶液再呈暗红色，同时做空白实验。

盐酸溶液的准确浓度为

$$C = \frac{m}{0.052\,99(V_1 - V_0)} \qquad (3-27)$$

式中：m——无水碳酸钠的质量，g；

V_1——盐酸溶液用量，mL；

V_0——空白实验中盐酸溶液用量，mL；

方法二：

（1）0.1 mol/L 盐酸溶液的配制：取 9 mL 左右浓盐酸于 1 L 容量瓶中，定容，摇匀。

（2）甲基橙指示剂：称取 0.1 g 甲基橙加蒸馏水 100 mL，热溶解，冷却后过滤备用。

（2）0.1 mol/L 溶液的标定：取 270~300 ℃ 干燥至恒重的无水碳酸钠基准试剂约 0.2 g，精密称量（精确至万分位），置于 250 mL 锥形瓶中。加入 50 mL 蒸馏水，加入 1~2 滴甲基橙指示剂，用配置好的盐酸溶液滴定至溶液由黄色变为橙色，同时做空白实验。

盐酸溶液的准确浓度为

$$C = \frac{m}{0.052\,99(V_1 - V_0)}$$

式中：m——无水碳酸钠的质量，g；

        V_1——盐酸溶液用量，mL；

        V_0——空白实验中盐酸溶液用量，mL。

        $Ba(OH)_2$溶液浓度由上述标定过的已知浓度的盐酸溶液进行标定。

 思考题

1. 分析水吸收 CO_2 属于什么控制？

2. 在什么条件下有利于吸收的进行？

3. 测定吸收传质系数的意义是什么？

4. 从传质推动力和传质阻力两方面分析吸收剂流量和温度对吸收过程的影响。

5. 吸收塔塔底为什么要用液封？

6. 影响吸收传质系数的因素有哪些？

实验五　萃取实验

一、实验目的

（1）熟悉转盘式萃取塔的结构、流程及各部件的结构作用。

（2）了解萃取塔的正确操作。

（3）考察转速对分离提纯效果的影响，并计算出传质单元高度。

二、实验原理

1. 基本原理

萃取常用于分离提纯液-液溶液或乳浊液，特别是植物浸提液的纯化。虽然蒸馏也是分离液-液体系，但和萃取的原理是完全不同的。萃取的原理非常类似于吸收，技术原理均是根据溶质在两相中溶解度的不同进行分离操作，都是相间传质过程，吸收剂、萃取剂都可以回收再利用。但是，萃取又不同于吸收，吸收中两相密度差别大，只需逆流接触而无需外加能量；萃取两相密度小，界面张力差也不大，需搅拌、脉动、振动等外加能量。另外，萃取分散的两相分层分离的能力也不高，萃取需足够大的分层空间。

萃取是重要的化工单元过程。萃取成本低廉，应用前景良好。学术上主要研究萃取剂的合成与选择、萃取过程的强化等课题。为了获得高的萃取效率，工程技术人员必须对萃取过程有全面深刻的了解，并设计行之有效的方法。通过本实验可以得到这方面的训练。本实验是通过用水对白油中的苯甲酸进行萃取的验证性实验。

2. 萃取塔的结构特征

萃取塔应具有如下特征。

（1）适度的外加能量。

（2）足够大的分层空间。

3. 分散相的选择

分散相的选择规则如下。

（1）体积流量大的物质作为分散相。（本实验中油体积流量大）

（2）不易润湿的物质相作为分散相。（本实验中油不易润湿）

（3）根据界面张力理论，正系统 $d\sigma/dx > 0$ 作为分散相。

（4）黏度大的、含放射性的、成本高的物质作为分散相。

（5）从安全角度考虑，易燃易爆的物质作为分散相。

4. 外加能量

外加能量的优缺点如下。

优点：

（1）增加液-液传质表面积；

（2）增加液-液界面的湍动，提高界面传质系数。

缺点：

（1）返混增加，使传质推动力下降；

（2）液滴太小，内循环消失，使传质系数下降；

（3）外加能量过大，容易产生液泛，使通量下降。

5. 液泛

液泛的定义和影响因素如下。

定义：当连续相速度增加，或分散相速度降低时，分散相上升（或下降）速度为零，对应的连续相速度即为液泛速度。

影响因素：外加能量过大，液滴过多且太小，造成液滴浮不上去；连续相流量过大或分散相流量过小也可能导致分散相上升速度为零；另外，和系统的物性等也有关。

6. 传质单元法

塔式萃取设备的尺寸设计和气液传质设备一样，都要求确定塔径和塔高两个基本尺寸。塔径取决于两液相的流量及适宜的操作速度，从而确定设备的产能；而塔高则取决于分离浓度要求及分离的难易程度，本实验中的实验装置属于塔式微分设备，采用传质单元法（与吸收操作中填料层高度的计算方法相似）计算萃取段的有效高度。

假设：稀释剂 B 和萃取剂 S 完全不互溶，浓度 X 用质量比计算比较方便；溶质组成较稀时，吸收传质系数 K_{xa} 在整个萃取段约等于常数；则可得

$$h = \frac{B}{K_{xa}\Omega} \int_{X_R}^{X_F} \frac{\mathrm{d}X}{X - X^*} h = H_{OR} N_{OR} \tag{3-28}$$

式中：h——萃取段的有效高度，本实验中 $h = 0.65 \text{ m}$；

　　　H_{OR}——传质单元高度，m；

　　　N_{OR}——传质单元数。

传质单元数 N_{OR} 在平衡线和操作线均可看作直线的情况下，仍可采用平均推动力法进行计算，计算分解示意图如图 3-9 所示。

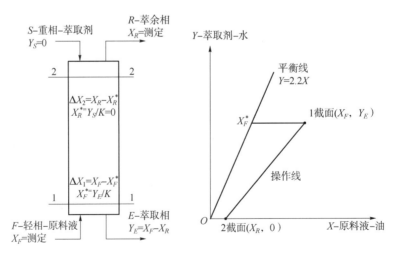

图 3-9　计算分解示意图

传质单元数 N_{OR} 的计算式为

$$N_{OR} = \frac{\Delta X}{\Delta X_m} \quad \Delta X = X_F - X_R \quad \Delta X_m = \frac{\Delta X_1 - \Delta X_2}{\ln \dfrac{\Delta X_1}{\Delta X_2}} \quad \Delta X_1 = X_F - X_F^* \quad \Delta X_2 = X_R - X_R^* \tag{3-29}$$

上式中 X_F、X_R 可以实际测得，而平衡组成 X^* 可根据分配曲线计算：

$$X_R^* = \frac{Y_S}{K} = \frac{0}{K} = 0, \quad X_F^* = \frac{Y_E}{K} \tag{3-30}$$

式中：Y_E——出塔的萃取相中质量比组成，可以实际测得或根据物料衡算得到。

根据以上计算，即可获得其在该实验条件下的实际传质单元高度。然后，可以通过改变实验条件计算不同条件下的传质单元高度，以比较其影响。

说明：为使以上计算过程更清晰，需要说明以下几个问题。

（1）物料流计算。

根据全塔物料衡算得

$$F + S = R + E, \quad FX_F + SY_S = RX_R + EY_E \tag{3-31}$$

本实验中，为了让原料液 F 和萃取剂 S 在整个塔内维持在两相区（见图 3-10 中的合点 M 维持在两相区），也为了计算和操作更加直观方便，取 $F = S$。又由于整个溶质含量非常低，因此得到 $F = S = R = E$，则

$$X_F + Y_S = X_R + Y_E$$

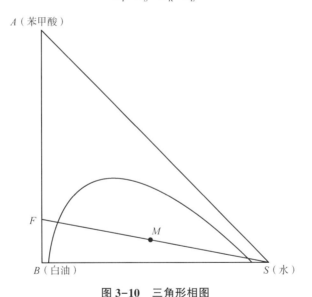

图 3-10　三角形相图

本实验中 $Y_S = 0$，则

$$X_F = X_R + Y_E$$

$$Y_E = X_F - X_R$$

只要测得原料液中 X_F 和萃余相中 X_R 的组成，即可根据物料衡算计算出萃取相中的组成 Y_E。

（2）转子流量计校正。

本实验中用到的转子流量计是以水在 20 ℃、1 atm 下进行标定的，本实验的条件也是在接近常温、常压下（20 ℃、1 atm）进行的，由于温度和压力对不可压缩流体的密度影响很微小，因此其导致的刻度校正可忽略。但如果用于测量白油，因其与水在同等条件下密度相差很大，则必须进行刻度校正，否则会给实验结果带来很大误差。

转子流量计校正公式为

$$\frac{q_1}{q_0} = \sqrt{\frac{\rho_0(\rho_f - \rho_1)}{\rho_1(\rho_f - \rho_0)}} = \frac{\sqrt{100 \times (7\,920 - 800)}}{800 \times (7\,920 - 1\,000)} = 1.134 \qquad (3\text{-}32)$$

式中：q_1——实际体积流量，L/h；

$\quad\quad q_0$——刻度读数流量，L/h；

$\quad\quad \rho_1$——实际油密度，kg/m³，取 800 kg/m³；

$\quad\quad \rho_0$——标定水密度，取 1 000 kg/m³；

$\quad\quad \rho_f$——不锈钢金属转子密度，取 7 920 kg/m³；

本实验测定，以水流量为基准，转子流量计读数取 $q_S = 10$ L/h，则

$$S = q_S \rho_水 = 10/1\,000 \times 1\,000 \text{ kg/h} = 10 \text{ kg/h}$$

由于 $F = S$，因此有 $F = 10$ kg/h，则

$$q_F = F/\rho_油 = 10/800 \times 1\,000 \text{ L/h} = 12.5 \text{ L/h}$$

根据上述推导计算出的转子流量计校正公式，实际体积流量 $q_1 = q_F = 12.5$ L/h，则刻度读数流量应为：$q_0 = q_1/1.134 = 12.5/1.134$ L/h $= 11$ L/h。

因此，在本实验中，若使 $q_S = 10$ L/h，则必须保持 $q_0 = 11$ L/h，才能保证 F 与 S 的质量流量一致。

（3）物质的量浓度 C(mol/L)的测定。

取原料液或萃余相 25 mL，以酚酞为指示剂，用配制好的浓度为 0.1 mol/L 的 NaOH 标准溶液进行滴定，测出 NaOH 标准溶液用量 V_{NaOH}（mL），则有

$$C_F = \frac{V_{NaOH}/1\,000 \cdot C_{NaOH}}{0.025} \qquad (3\text{-}33)$$

同理可测出 C_R。

（4）物质的量浓度 C 与质量比浓度 $X(Y)$ 的换算。

质量比浓度 $X(Y)$ 与质量浓度 $x(y)$ 的区别：

$$X = \frac{溶质质量}{溶剂质量}, x = \frac{溶质质量}{溶质质量 + 溶剂质量}$$

本实验中因为溶质含量很低，且以溶剂不损耗为计算基准更科学，所以采用质量比浓度 X 而不采用 x。则

$$X_R = C_R \cdot M_A/\rho_{白油} = 122C_R/800$$

$$X_F = C_F \cdot M_A/\rho_{白油} = 122C_F/800$$

$$Y_E = X_F - X_R$$

（5）萃取率：

$$\eta = \frac{X_F - X_R}{X_F} \times 100\%$$ （3-34）

三、实验装置

萃取实验装置如图 3-11 所示。

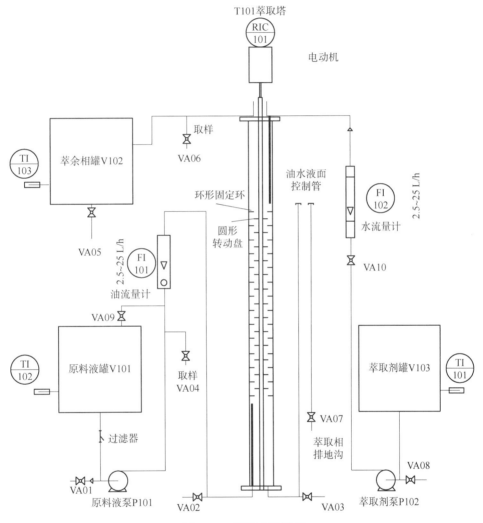

图 3-11　萃取实验装置

1. 流程说明

萃取剂和原料液分别加入萃取剂罐和原料液罐，经萃取剂泵和原料液泵输送至萃取塔中，电动机驱动萃取塔内圆形转动盘转动进行萃取实验，电动机转速可调，萃余相从上法兰处溢流至萃余相罐。实验中，从取样阀 VA06 处取萃余相样品进行分析，从取样阀 VA04 处取原料液样品进行分析。萃取剂和原料液在实验中的流程分别如下。萃取剂流动路径如下：萃取剂罐—萃取剂泵—水流量计—塔上部进—塔下部出—油水液面控制管—地沟。原料液流动路径如下：原料液罐—原料液泵—油流量计—塔下部进—塔上部出—萃余相罐—原料液罐。

2. 设备仪表参数

塔径 D = 84 mm，塔高 H = 1 300 mm，萃取段的有效高度 h = 650 mm；塔内采用环形固定环 14 个和圆形转动盘 12 个（顺序从上到下 1，2，…，12），盘间距 50 mm。塔顶塔底分离空间均为 250 mm。

原料液泵、萃取液泵：15 W 磁力循环泵。

原料液罐、萃取剂罐、萃余相罐：ϕ290 mm×400 mm，体积约 25 L，不锈钢槽 3 个。

电动机：100 W，0~1 300 r/min，无级调速。

油流量计、水流量计：量程 2.5~25 L/h。

四、实验步骤

1. 开车准备阶段

（1）灌萃取塔 T101：在萃取剂罐 V103 中倒入蒸馏水，打开萃取剂泵 P102 和进水阀 VA10，经水流量计 FI102 向塔内灌水，塔内水上升到第一个固定盘与法兰的中间位置即可，关闭萃取剂泵 P102 和进水阀 VA10。

（2）配原料液：在原料液罐中先加白油至原料液罐的 3/4 处，再加苯甲酸配置浓度约 0.01 mol/L 的（配比约为每 1 L 白油需要 1.22 g 苯甲酸）原料液，此时可分析出大致原料液浓度，后续可通过酸碱滴定原料液，分析原料液较准确的苯甲酸浓度。

注意：苯甲酸要提前溶解在白油中，搅拌溶解后再加入原料液罐，防止未溶解的苯甲酸堵塞原料液罐罐底过滤器。

配 1% 的酚酞乙醇溶液：称取 1 g 的酚酞，用无水乙醇溶解并稀释至 100 mL。

配 0.1 mol/L 的氢氧化钠溶液：称取 1 g 的氢氧化钠溶于 25 mL 的无水乙醇中，然后定容至 250 mL。

（3）开启原料液泵 P101、进料阀 VA09，试图排出管内气体，使原料液能顺利进入塔内；然后半开进料阀 VA09。

（4）开启电动机，建议控制转速为 200 r/min 左右（具体转速可根据实际情况确定）。

2. 实验阶段（保持流量一定，改变转速）

（1）保持某一转速，开启进水阀 VA10 使流量达到某一定值（如 10 L/h），再开启进料阀 FI101 使流量达到某一定值（如 11 L/h），并维持一段时间。注：转子流量计使用过程中有流量指示逐渐减小的情况，注意观察流量，及时手动调节至目标流量。

（2）全开油水分界面调节阀 VA07，观察塔顶的油水分界面，并维持油水分界面在第一个固定盘与法兰的中间位置，最后水流量也应该稳定在与进水阀 VA10 处相同的流量状态。

注：油水分界面应在最上方固定盘上的玻璃管段约中间位置，可微调油水分界面调节阀 VA07，维持界面位置，界面的偏移对实验结果没有影响

（3）一段时间后（稳定时间约 10 min），取原料液和萃余相 25 mL 样品进行分析。本实验替代时间的计算：设油水分界面在第一个固定盘与法兰中间位置，则油的塔内存储体积是（0.084/2）×2×3.14×0.125 L = 0.7 L，流量按 11 L/h 计算，替代时间为 0.7/11×60 min = 3.8 min。根据稳定时间 = 3×替代时间，得稳定时间约为 10 min。

（4）改变转速至 400 r/min、600 r/min（建议值）等，重复以上操作，并记录下相应的转速与出口组成分析数据。

3. 观察液泛

将转速调到约 1 000 r/min，就会使外加能量过大，观察塔内现象。油与水乳化强烈，油滴微小，使油浮力下降，油水分层程度降低，整个塔绝大部分处于乳化状态。此为塔不正常状态，应避免。

4. 停车

（1）实验完毕后，关闭进料阀 VA09，关闭原料液泵 P101，关闭电动机，关闭水、油流量计，关闭萃取剂泵。

（2）整理萃余相罐 V102、原料液罐 V101 中料液，以备下次实验用。

五、注意事项

（1）在启动原料液泵前，必须保证原料罐内有原料液，长期使泵空转会使泵因温度升高而损坏。第一次运行原料液泵，须排除泵内空气。若不进料，则应及时关闭原料液泵。

（2）严禁打开电柜，以免发生触电。

（3）萃取塔进行出料操作时，应仔细观察塔顶油水分界面，防止油水分界面过高或过低。严禁无人看守萃取塔进行放料操作。

（4）在冬季造成室内温度达到冰点时，设备内严禁存水。

（5）长期不用时，一定要排净油原料液内的白油，因为泵内密封材料是橡胶类，所以被有机溶剂类（白油）长期浸泡会发生慢性溶解和浸涨，导致密封不严而发生泄漏。

六、实验数据记录与处理

1. 数据记录表

记录有关实验数据，完成表 3-11 和表 3-12。

表 3-11 浓度测定

编号	转速/ (r·min⁻¹)	原料液 F				萃余相 R			
		初	终	用量	C_F	初	终	用量	C_R
1									
2									
3									

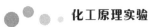

表 3-12　数据计算结果

编号	转速/ (r·min^{-1})	X_F	X_R	Y_E	ΔX_m	N_{OR}	H_{OR}
1		1	1	1			
2							
3							

对不同转速下计算出的结果进行比较分析，如表 3-13 所示。

表 3-13　不同转速下计算出的结果分析

塔数据					
塔径/mm	塔高/mm	有效高度/mm	圆形转动盘	环形固定环	环间距/mm
84	1 300	650	12 个	14 个	50
物性数据					
温度/℃	水密度/(kg·m^{-3})	分配系数 K	$M_{苯甲酸}$	油密度/(kg·m^{-3})	
20.0	998.2	2.2	122	800	
分析数据					
取样体积/mL	C_{NaOH}/(mol·L^{-1})				
25	0.100				

2. 计算实例

每次取 25 mL 样品，NaOH 浓度为 0.1 mol/L，进行三组不同转速下的实验，记录数据如表 3-14 所示。

表 3-14　不同转速的实验数据

编号	转速/ (r·min^{-1})	原料液 F/mL 初/mL	终/mL	NaOH 用量/mL	C_F/ (mol·L^{-1})	萃余相 R 初/mL	终/mL	NaOH 用量/mL	C_R/ (mol·L^{-1})
1	300	10	5.55	4.45	0.018	10	7.7	2.3	0.009 2
2	500	10	5.55	4.45	0.018	10	9.2	0.8	0.003 2
3	700	10	5.55	4.45	0.018	10	9.65	0.35	0.001 4

以转速 300 r/min 为例进行计算：

$$C_F = \frac{V_{NaOH}/1\,000 \cdot C_{NaOH}}{0.025} \tag{3-35}$$

$$C_F = \dfrac{\dfrac{4.45}{1\,000} \times 0.1}{0.025}\ \text{mol/L} = 0.018\ \text{mol/L}$$

同理可得

$$C_R = \dfrac{\dfrac{2.3}{1\,000} \times 0.1}{0.025}\ \text{mol/L} = 0.009\,2\ \text{mol/L}$$

由

$$X_F = \dfrac{C_F M_A}{\rho_{白油}}, \quad X_R = \dfrac{C_R M_A}{\rho_{白油}} \tag{3-36}$$

可得

$$X_F = \dfrac{0.018 \times 122}{800} = 0.002\,75\,(\text{g/g})$$

$$X_R = \dfrac{0.009\,2 \times 122}{800} = 0.001\,403\,(\text{g/g})$$

则 $Y_E = X_F - X_R = 0.002\,75 - 0.001\,403 = 0.001\,347$（g/g）。

由此可得平均推动力：

$$\Delta X_m = \dfrac{\Delta X_1 - \Delta X_2}{\ln \dfrac{\Delta X_1}{\Delta X_2}} \tag{3-37}$$

其中 $\Delta X_1 = X_F - X_F^*$，$\Delta X_2 = X_R - X_R^*$。其中 X_F、X_R 可以实际测得，而平衡组成 X^* 可根据分配曲线计算：

$$X_R^* = \dfrac{Y_S}{K} = \dfrac{0}{K} = 0,\quad X_F^* = \dfrac{Y_E}{K} \tag{3-38}$$

则

$$\Delta X_1 = 0.002\,71 - \dfrac{0.001\,312}{2.2} = 0.002\,118\,(\text{g/g})$$

$$\Delta X_2 = 0.001\,403\,(\text{g/g})$$

代入式（3-37）可得

$$\Delta X_m = \dfrac{0.002\,118 - 0.001\,403}{\ln 0.002\,118/0.001\,403} = 0.001\,736\,(\text{g/g})$$

由平均推动力可计算传质单元数：

$$N_{OR} = \dfrac{\Delta X}{\Delta X_m} \tag{3-39}$$

其中 $\Delta X = X_F - X_R = 0.001\,312$（g/g），则 $N_{OR} = \dfrac{0.001\,312}{0.001\,736} = 0.756$。

因此

$$H_{OR} = \dfrac{h}{N_{OR}} = \dfrac{650/1\,000}{0.756}\ \text{m} = 0.86\ \text{m} \tag{3-40}$$

分别对另外两组转速进行计算，可得数据计算结果如表 3-15 所示。

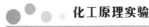

表 3-15　数据计算结果

编号	转速/ $(r \cdot min^{-1})$	X_F	X_R	Y_E	ΔX_m	N_{OR}	H_{OR}
1	300	0.002 71	0.001 403	0.001 312	0.001 736	0.756	0.86
2	500	0.002 71	0.000 488	0.002 227	0.000 972	2.29	0.284
3	700	0.002 71	0.000 214	0.002 501	0.000 682	3.67	0.177

思考题

1. 在萃取过程中选择连续相、分散相的原则是什么？

2. 本实验为什么不宜用水作分散相，倘若用水作分散相操作步骤是怎样的？两相分层分离段应设在塔底还是塔顶？

3. 重相出口为什么采用 π 形管？π 形管的高度是怎么确定的？

4. 什么是液泛？在操作中怎么确定液泛速度？

5. 对于液-液萃取过程是否外加能量越大越有利？

6. 不同脉冲频率或不同转数对萃取过程有何影响？定性分析一下对其传质单元高度的影响变化趋势。

7. 萃取与精馏都是分离液体混合物的单元操作，二者有何异同？精馏塔与萃取塔的结构有何异同？

实验六　雷诺实验

一、实验目的

（1）了解层流和湍流两种流动形态在管路中的流速分布情况。

（2）观察层流、湍流时速度分布曲线的形成及层流时管路中流体的速度分布状况。

（3）掌握层流和湍流与 Re 之间的联系，确定层流变为湍流时的临界雷诺数。

二、实验原理

流体流动有两种不同形态，即层流和湍流，这一现象是由雷诺（Reynolds）于 1883 年首先发现的。流体作层流流动时，其流体质点作平行于管轴的直线运动，且在径向无脉动；流体作湍流流动时，其流体质点除沿管轴方向作向前运动外，还在径向作脉动，从而在宏观上显示出紊乱的向各个方向的不规则运动。流体流动形态可用雷诺数（Re）来判断，这是一个无量纲数，故其值不会因采用不同的单位制而不同。但应当注意，公式中各物理量必须采用同一单位制。若流体在圆管内流动，则雷诺数可用下式表示：

$$Re = \frac{du\rho}{\mu} \tag{3-41}$$

式中：Re——雷诺数；

　　　d——圆管内径，m；

　　　u——流体在圆管内的平均流速，m/s；

　　　ρ——流体密度，kg/m^3；

　　　μ——流体黏度，Pa·s。

上式表明，在一定温度下，在特定的圆管内流动的流体，雷诺数仅与流体流速有关。层流转变为湍流时的雷诺数称为临界雷诺数，用 Re_c 表示。工程上一般认为，若流体在圆管内流动，当 $Re \leq 2\,000$ 时为层流；当 $Re > 4\,000$ 时，圆管内已形成湍流；当 $2\,000 < Re \leq 4\,000$ 时，流动处于一种过渡状态，可能是层流，也可能是湍流，或者是二者交替出现，具体视外界干扰而定，一般称这一范围为过渡区。

对于同一装置，圆管内径 d 为定值，故流速 u 仅为流量 V 的函数；对于流体水来说，ρ、μ 几乎仅为温度 T 的函数，因此，确定了温度及流量，即可由仪器铭牌上的图查取雷诺数。雷诺实验对外界环境要求较严格，应避免在有振动设施的房间内进行。但由于实验室条件的限制，通常在普通房间内进行，故将对实验结果产生一些影响，再加之圆管粗细不均匀等原因，层流的雷诺数上限在 $1\,600 \sim 2\,000$ 之间。

当流体的流速较小时，圆管内的流动为层流，圆管中心的指示液成一条稳定的细线通过全管，与周围的流体无质点混合；随着流速的增加，指示液开始波动，形成一条波浪形细线；当流速继续增加时，指示液将被打散，与圆管内流体充分混合。

三、实验装置

雷诺实验装置如图 3-12 所示。

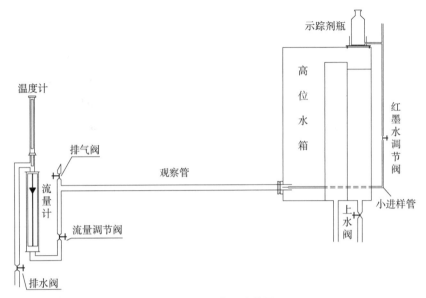

图 3-12　雷诺实验装置

本实验中圆管的有效长度：$L = 1\ 100\ \text{mm}$；外径：$D_o = 30\ \text{mm}$；内径：$D_i = 24.2\ \text{mm}$。

四、实验步骤

1. 实验前的准备工作

（1）向示踪剂瓶中加入适量的用水稀释过的红墨水。利用红墨水调节阀将红墨水充满小进样管。

（2）必要时调整小进样管的位置，使它处于观察管的中心线上。

（3）关闭流量调节阀、排气阀，打开上水阀、排水阀，使自来水充满水槽，并使其有一定的溢流量。

（4）轻轻打开流量调节阀，让水缓慢流过观察管。使红墨水全部充满小进样管中。

2. 雷诺实验的过程

（1）与实验前的准备工作步骤（3）一致。

（2）与实验前的准备工作步骤（4）一致。

（3）调节上水阀，维持尽可能小的溢流量。

（4）缓慢地适当打开高位水箱右边的红墨水调节阀，即可看到当前水流量下观察管内水的流动状况（层流流动如图 3-13 所示）。读取流量计的流量并计算出雷诺数。

图 3-13　层流流动的示意图

（5）进水和溢流造成的振动，有时会使观察管中的红水流束偏离管的中心线，或发生不同程度的左右摆动。为此，可突然暂时关闭上水阀，过一会儿即可看到观察管中出现与管的中心线重合的红色直线。

（6）增大上水阀的开度，在维持尽可能小的溢流量的情况下提高水流量。同时，根据实际情况适当调整红墨水流量，即可观测其他各种流量下观察管内的流动状况。为部分消除进水和溢流造成的振动的影响，在滞流和过渡流状况的每一种流量下均可采用上述步骤（5）中讲的方法，突然暂时关闭上水阀，然后观察管内水的流动状况（过渡流、湍流流动如图 3-14 所示）。读取流量计的流量并计算出雷诺数。

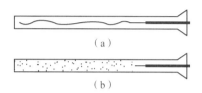

（a）

（b）

图 3-14　过渡流、湍流流动的示意图

（a）过渡流；（b）湍流

3. 流体在圆管内的流速分布演示实验

（1）关闭上水阀、流量调节阀。

（2）将红墨水调节阀打开，使红墨水滴落在不流动的观察管。

（3）突然打开流量调节阀，在观察管中可以清晰地看到红墨水流动所形成的如图 3-15 所示的流度分布。

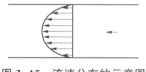

图 3-15　流速分布的示意图

4. 实验结束时的操作

（1）关闭红墨水调节阀，使红墨水停止流动。

（2）关闭上水阀，使自来水停止流入水槽。

（3）待观察管内的红色消失时，关闭流量调节阀。

（4）若日后较长时间不用，则将装置内各处的存水放净。

五、注意事项

做滞流实验时，为了使滞流状况能较快地形成，而且能够保持稳定，要注意以下两点：

（1）水槽的溢流应尽可能小，因为溢流大时，上水的流量也大，上水和溢流两者造成的振动都比较大，影响实验结果；

（2）应尽量不要人为地使实验架产生任何振动，为减小振动，若条件允许，可对实验架的底面进行固定。

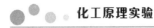

六、实验数据记录及处理

实验数据记录及观察结果填入表 3-16 所示。

观察管的有效长度：$L=$ _____ mm；外径：$D_o=$ _____ mm；

内径：$D_i=$ _____ mm；水温：$T=$ _____ ℃

表 3-16　实验数据记录及观察结果

序号	流量/ ($L \cdot h^{-1}$)	流量/ ($m^3 \cdot s^{-1}$)	流速/ ($m \cdot s^{-1}$)	雷诺数 Re	观察现象	流动形态
1						
2						
3						
4						

思考题

1. 流体流动有哪几种形态？判断依据是什么？

2. 温度与流动形态的关系如何？

3. 什么是雷诺数？有何意义？

4. 流度分布曲线是什么形状？

5. 最大流速和平均流速的关系如何？

6. 影响流体流动形态的因素有哪些？

7. 如果圆管不是透明的，不能用直接观察来判断圆管中的流体流动形态，你认为可以用什么办法来替代？

实验七 多功能干燥实验

一、实验目的

（1）了解喷雾干燥塔、流化床干燥塔、厢式干燥器的结构、原理及操作。

（2）了解喷雾干燥、流化床干燥及厢式干燥等工艺过程。

（3）分析比较干燥介质的条件（温度、风量）、物料状况（颗粒大小、物料形状及物料性质）对干燥的影响。

（4）测定并绘制厢式干燥的干燥曲线和干燥速率曲线。

二、实验原理

对于一定的湿物料，在恒定的干燥条件下（温度、风速、接触方式）与干燥介质相接触时，物料表面的水分开始汽化，并向周围介质传递，这就是干燥的过程。干燥有多种方法，下面主要介绍化工原理实验中常用的三种方法。

1. 喷雾干燥

喷雾干燥是将溶液、膏状物或含有微粒的悬浮液通过雾化器制备成雾状细滴分散于热气流中，使水迅速汽化而达到干燥的目的。如果将 1 cm³ 的液体雾化成为直径为 10 μm 的球形雾滴，其表面积将增加数千倍，显著地加大了水分蒸发面，提高干燥速率，缩短了干燥时间。

喷雾干燥的原理是热气流与物料相互接触而使物料得到干燥。这种干燥方法不需要将原料预先进行机械分离，操作终了可获得直径为 30~50 μm 的干燥产品，且干燥时间很短，仅为 5~30 s，因此适用于热敏性物料的干燥。

一般喷雾干燥操作中雾滴的平均直径为 20~60 μm。雾滴的大小及均匀度对产品的质量和技术经济等指标影响颇大，特别是干燥热敏性物料时，雾滴的均匀度尤为重要，如果雾滴尺寸不均，就会出现大颗粒还没有达到干燥要求，小颗粒却已干燥过度而变质的现象。因此，使溶液雾化所用的喷雾器是喷雾干燥塔的关键元件。对喷雾器的一般要求是：产生的雾滴均匀、结构简单、生产能力大、能量消耗低及操作容易等。常用的喷雾器有三种形式：离心式喷雾器、压力式喷雾器、气流式喷雾器。

本实验中采用气流式喷雾器。气流式喷雾器采用压力为 100~700 kPa 的压缩空气压缩料液（本实验中采用压缩空气压缩硫酸钾溶液，干净热空气为干燥介质），以 200~300 m/s 的速度从喷嘴喷出，靠气、液两相间速度差所产生的摩擦力使料液分成雾滴。气流式喷雾器因其结构简单、制造容易，适用于任何黏度或较稀的悬浮液，常用于实验教学和科研中。

2. 流化床干燥

固体干燥是一种非常重要的化工单元操作，对于粉状颗粒物料的干燥，在工业上往往采用流化床干燥和厢式干燥，其中流化床干燥适用于处理粒径为 30 μm~6 mm 的粉粒状物料，这是因为粒径小于 30 μm 时，气体通过分布板后易产生局部沟流；粒径大于 6 mm 时，需要较高的气速，从而使流动阻力加大，磨损严重。

本实验中以湿绿豆为原料，干净热空气为干燥介质，还可测定固定床和流化床的流体力学性能。

物料含水量一般可用两种表达方式：一是绝对干基含水量 X_t，指的是每千克绝干物料中水分的含量，这是一个实际值。二是相对干基含水量 X，指的是在一定的恒定干燥条件下能被带走的水分，也称作自由含水量。两者的关系为

$$X = X_t - X^* \qquad\qquad (3\text{-}42)$$

式中：X^*——平衡含水量，指的是在恒定干燥条件下被干燥的极限。

因为实际干燥介质的湿度不可能为 0，所以 $X < X_t$。

（1）绝对干基含水量 X_t 的测定及干燥曲线的绘制。

在流化床干燥实验中，在恒定干燥条件下，定时（每次间隔 2~5 min）从塔中取出一定量的物料样品（2~3 g），将每个样品及时放入编号瓶中盖紧密闭。称重后取下盖子及时放入烘箱内，在约 110 ℃ 条件下烘 1 h。取出及时盖紧，冷却后再称重。则物料样品的绝对干基含水量为

$$X_t = \frac{W_{瓶+湿} - W_{瓶+干}}{W_{瓶+湿} - W_{瓶}} \qquad\qquad (3\text{-}43)$$

将 X_t 对时间 t 进行标绘，得到如图 3-16 所示的干燥曲线。

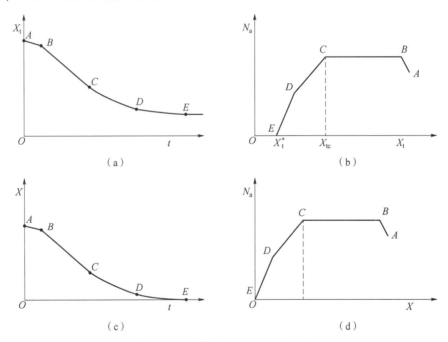

图 3-16　干燥曲线和干燥速率曲线

干燥曲线的形状由物料性质和干燥条件决定。

这种方法可以将实际物料的含水量测出，并且可以在后续干燥速率曲线上确定其临界和平衡含水量，为工业实际操作或干燥设备设计提供必要的基础数据。但由于取样分析耗时较长过程烦琐，稍不细心将产生很大误差。

（2）相对干基含水量 X 的测定及干燥曲线的绘制。

流化阶段中的床层压力降，可根据颗粒与流体间的摩擦力与其净重力平衡的关系得出：

$$\Delta p = \frac{m}{A\rho_P}(\rho_P - \rho)g \qquad (3\text{-}44)$$

式中：m——床层颗粒的总质量，kg；

    A——床层截面积，m^2；

    ρ_P、ρ——颗粒与流体的密度，kg/m^3。

因 ρ_P 远大于 ρ，故式（3-44）可简化为

$$\Delta p \cong \frac{m}{A}g \qquad (3\text{-}45)$$

从式（3-45）可知，在实验过程中，A 和 g 是常数，则床层压力降和床层内物料的质量成正比。

实验过程中，可每隔一定时间（约 5 min）读取床层压力降 Δp，直到床层压力降不再发生改变，则物料样品的相对干基含水量为

$$X = \frac{\Delta p - \Delta p^*}{\Delta p^*} \qquad (3\text{-}46)$$

将 X 对时间 t 进行标绘，就得干燥曲线。

比较图 3-16（a）、图 3-16（c）的干燥曲线可知，干燥曲线的形状及规律趋势均没有变化，只是物料含水量的基准发生改变。

这种方法简单方便，建议采用此方法测定实验数据。

3. 厢式干燥

厢式干燥器又称洞道干燥器，它是典型的常压间歇操作干燥设备。

（1）干燥速率曲线。

干燥速率曲线是指在单位时间内，单位干燥面积上汽化的水分质量，具体计算为

$$N_a = \frac{\mathrm{d}w}{A\mathrm{d}\theta} = \frac{\Delta w}{A\mathrm{d}\theta} \qquad (3\text{-}47)$$

式中：N_a——干燥速率，$kg/(m^2 \cdot s)$；

    A——干燥面积，m^2；

    w——从被干燥物料中除去的水分质量，kg；

    θ——干燥时间，s。

干燥面积和绝干物料的质量均可测得，为了方便起见，可近似用下式计算干燥速率：

$$N_a = \frac{\mathrm{d}w}{A\mathrm{d}\theta} \approx \frac{\Delta w}{A\Delta\theta} \qquad (3\text{-}48)$$

本实验是通过测出每挥发一定量的水分（Δw）所需要的时间（$\Delta\theta$）来实现测定干燥速率的。

影响干燥速率的因素很多，它与物料性质和干燥介质（空气）有关。在恒定的干燥条件下，对于同类物料，当厚度和形状一定时，干燥速率 N_a 是相对干基含水量的函数：

$$N_a = f(X) \tag{3-49}$$

（2）传质系数（恒速干燥条件）。

干燥时在恒速干燥条件，物料表面与空气之间的传热速率和传质速率可分别以下面两式表示：

$$\frac{dQ}{Ad\theta} = \alpha(T - T_w) \tag{3-50}$$

$$\frac{dw}{Ad\theta} = K_H(H_w - H) \tag{3-51}$$

式中：Q——由空气传给物料的热量，kJ；

α——对流传热系数，$kW/(m^2 \cdot ℃)$；

T、T_w——空气的干、湿球温度，℃；

K_H——传质系数（以湿度差为推动力），$kg/(m^2 \cdot s)$；

H、H_w——与T、T_w相对应的空气的湿度，kg/kg。

当物料一定，干燥条件恒定时，α、K_H的值也保持恒定。在恒速干燥条件物料表面保持足够润湿，干燥速率由表面水分汽化速率所控制。若忽略以辐射及传导方式传递给物料的热量，则物料表面水分汽化所需要的潜热全部由空气以对流的方式供给，此时物料表面温度即空气的湿球温度T_w，水分汽化所需热量等于空气传入的热量，即

$$r_w dw = dQ \tag{3-52}$$

式中：r_w——T_w时水的汽化潜热，kJ/kg。

因此有

$$\frac{r_w dw}{Ad\theta} = \frac{dQ}{Ad\theta} \tag{3-53}$$

结合式（3-52）和式（3-53），得

$$r_w K_H(H_w - H) = \alpha(T - T_w) \tag{3-54}$$

$$K_H = \frac{\alpha}{r_w} \cdot \frac{T - T_w}{H_w - H} \tag{3-55}$$

对于水-空气干燥传质系统，当被测气流的温度不太高，流速>5 m/s时，式（3-55）又可简化为

$$K_H = \frac{\alpha}{1.09} \tag{3-56}$$

（3）K_H的计算。

①计算H、H_w。

由干、湿球温度T、T_w，根据湿焓图计算出相应的H、H_w。

②计算流量计处的空气性质。

因为从流量计到干燥塔虽然空气的温度、相对湿度发生变化，但其湿度未变。因此，可以利用干燥塔处的H来计算流量计处的物性。已知测得孔板流量计前气温是T_L，则流量计处湿空气的比体积为

$$V_{H} = (2.83 \times 10^{-3} + 4.56 \times 10^{-3} H)(T + 273)(\mathrm{m^3 \cdot kg^{-1}}) \tag{3-57}$$

流量计处湿空气的密度为

$$\rho = (1 + H)/V_{H}(\mathrm{kg/m^3}) \tag{3-58}$$

③计算流量计处的质量流量 m。

流量计处的孔流速度为

$$u_0 = C_0 \sqrt{\frac{2\Delta p}{\rho}} \tag{3-59}$$

流量计处的质量流量为

$$m = u_0 A_0 \rho \tag{3-60}$$

式中：m——质量流量，kg/s；

　　　u_0——孔流速度，m/s；

　　　A_0——孔板孔面积，$\mathrm{m^2}$；

　　　ρ——流体密度，$\mathrm{kg/m^3}$；

　　　C_0——孔流系数；

　　　Δp——流量计的压差计读数，Pa。

④干燥塔的质量流速 G。

虽然从流量计到干燥塔空气的温度、相对湿度、压力、流速等均发生变化，但两个截面的湿度 H 和质量流量 m 却一样。因此，可以利用流量计处的 m 来计算干燥塔处的质量流速 G：

$$G = m/A \tag{3-61}$$

式中：m——质量流量，kg/s；

　　　A——干燥塔的横截面积，$\mathrm{m^2}$。

⑤对流传热系数 α 的计算。

干燥介质（空气）可以平行、垂直或倾斜流过物料表面。实践证明，只有空气平行物料表面流动时，其对流传热系数最大，干燥最快、最经济。因此将干燥物料做成薄板状，其平行气流的干燥面最大，而在计算对流传热系数时，因为两个垂直面面积较小，对流传热系数也远远小于平行流动的传热系数，所以其两个横向面积的影响可忽略。

由 α 的经验式可知，对水-空气干燥传质系统，当空气流动方向与物料表面平行时，$G = 0.68 \sim 8.14 \ \mathrm{kg/(m^2 \cdot s)}$，$T = 45 \sim 150 \ ℃$，则

$$\alpha = 0.014 \ 3 G^{0.8}(\mathrm{kW \cdot m^{-2} \cdot ℃^{-1}}) \tag{3-62}$$

⑥计算 K_{H}。

由式（3-62）计算出 α 代入式（3-56），即可计算出传质系数 K_{H}。

三、实验装置

多功能干燥实验装置如图 3-17 所示。

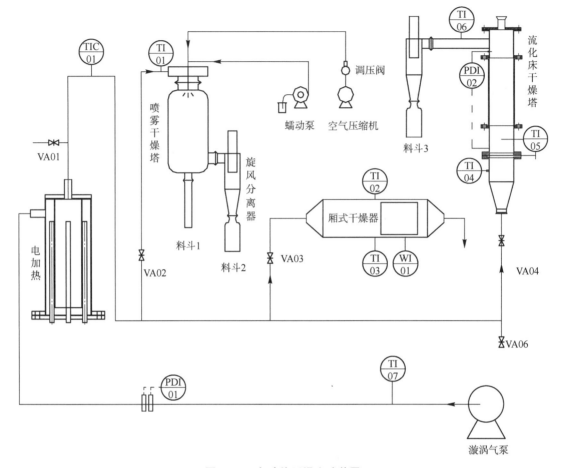

图 3-17 多功能干燥实验装置

VA01—放空阀；VA02—喷雾干燥塔进气阀；VA03—箱式干燥器进气阀；VA04—流化床干燥塔进气阀；

VA06—干燥进气调节阀；PDI01—冷空气出口压差计；PDI02—流化干燥床层压差计；TIC01—热空气出口温度计；

TI01—喷雾干燥塔入口温度；TI02—箱式干燥器干球温度；TI03—箱式干燥器湿球温度；TI04—流化床干燥塔入口温度；

TI05—床层温度；TI06—流化床干燥塔出口温度；TI07—冷空气出口温度；WI01—计量器。

1. 流程说明

由漩涡气泵送风，先经过一圆管，再经流量计测风量，然后经电加热加热后可通过阀门切换分别流入喷雾干燥塔、流化床干燥塔，尾气经旋风分离器后放空；或者流入厢式干燥器内，对物料进行干燥，将尾气放空。

电加热3组，其中两组是固定加热，为了保证进入干燥室的风温恒定和恒定的干燥条件，第三组电加热采用自动控温，具体温度可人为设定。

喷雾干燥塔工作所需的压缩空气由空气压缩机提供，液体物料由蠕动泵泵入。旋风分离器的料斗2主要收集随气流吹出的物料颗粒。

喷雾干燥塔由三段构成，由上至下分别是：塔头（气体均匀分布、安装喷雾器）；高硼硅玻璃塔体；塔底物料出口。

流化床干燥塔由四段构成，由下至上分别是：气体均匀分布段；出料段；观察段；塔顶

（安装喷雾器）。

厢式干燥器由四段构成，由上至下分别是：气体分布装置；风道；物料架；物料进出门及视窗。

本实验装置的管道系统均由不锈钢管加工。

2. 设备仪表参数

电加热：三组，1.5 kW，220 V，自动控温。

漩涡气泵：27 kPa，210 m³/h，2 200 W。

蠕动泵：1.6 mL/r，0～100 r/min

空气压缩机：0.95 kW，带稳压阀。

喷雾干燥塔：ϕ220 mm×520 mm，高硼硅玻璃，有效高度 520 mm。

流化床干燥塔：ϕ120 mm×720 mm，优质玻璃，有效高度 600 mm。

厢式干燥器：1 100 mm×140 mm×170 mm，不锈钢保温，玻璃视窗门。

雾化喷头：气液内部混合、带自清除针、锥形喷嘴。

旋风分离器：ϕ85 mm，玻璃材质。

电阻温度传感器：Pt100 传感器、高温 Pt。

本实验的消耗试剂和自备设备：绿豆若干，硫酸钾粉末。

四、实验步骤

实验开始之前，检测确认各阀门是否处于关闭状态，电柜接线有无断开处，消耗试剂和自备设备是否齐全。

1. 喷雾干燥实验

（1）准备阶段 1：准备硫酸钾溶液，同时记录加入硫酸钾的质量。

（2）准备阶段 2：阀门原始状态除 VA01 开启外其余均处于关闭状态。根据喷雾干燥流程，确定各阀门的启闭操作。喷雾干燥时应先开启 VA02，后关闭 VA01。

（3）开车启动：开总电源。

启动漩涡气泵（以下简称气泵）。调节气泵转速至 1 000 r/min 左右。

首先根据要求设定电加热的出口温度（加热温度一般在 110 ℃左右。为防止高温烫伤，建议喷雾干燥塔进口温度 T_{I01} 小于 100 ℃），设定好电加热的出口温度后，开启电加热，T_{I01} 会逐渐达到设定值，实验过程中电加热会根据风量自动调节加热功率，满足实验要求。

特别提示：开启电加热前一定要保证电加热内部有空气流动，防止电加热因空烧导致自身温度过高而烧毁。

（4）开始喷雾干燥：设定并调节蠕动泵转速为 5～20 r/min，空气压缩机出口压力为 0.1～0.3 MPa，启动蠕动泵和空气压缩机。此时，喷雾干燥塔塔顶喷雾器开始喷射雾滴，与塔顶流入的热空气并流接触，使雾滴迅速气化达到干燥的目的，干燥后的粉粒状物料经旋风分离器后落于料斗 2 中，尾气经旋风分离器后放空。实验开始阶段未干燥的料液会进入料斗 1，实验结束后清理。

（5）实验过程中，应根据喷雾干燥塔的粘壁情况及干燥情况，实时调节进料量、压缩空气的出口压力、气泵的转速以及风温，进而调节雾滴在塔内的停留时间，以达到较好的干燥效果。这需要根据自己实际的物料种类、性质及浓度等因素，长期摸索达到最佳操作条件。建议雾化喷头长期使用压力不超过 0.5 MPa。

（6）在实验过程中，如果出现喷雾器堵塞现象，可连通雾化喷头最上方气管，进行疏通。

（7）停车：实验结束后，关闭蠕动泵和空气压缩机（喷雾干燥运行一段时间后，若物料粘壁现象严重，可用蠕动泵清水进料，清洗塔壁和雾化喷头），关闭电加热，打开 VA01，关闭 VA02（此操作目的是对电加热进行快速冷却），待电加热的出口温度低于 50 ℃ 即可关闭气泵（系统添加自锁功能，电加热的出口温度必须低于 50 ℃ 才能关闭气泵），关闭总电源。

（8）收集产品：搜集料斗 2 中干物料，并进行称重，计算喷雾干燥固体质量回收率。

（9）清洗：若实验过程中物料有粘壁现象，则实验结束后要用清水对塔壁进行清洗，清洗后需要打开料斗 1 将污水从下出口排出，做好污水收集处理工作。

2. 流化床干燥实验

（1）启动气泵。阀门原始状态除 VA01 开启外其余均处于关闭状态。根据流化床干燥流程，确定各阀门的启闭操作。流化床干燥应先开启 VA04 后关闭 VA01。调节气泵转速至 2 000 r/min 左右。

（2）VA04 打开后，开启电加热。根据实验需求设定电加热的出口温度 60～85 ℃（加热温度可自行设置，温度高加热过程较快），设定好电加热的出口温度后，开启电加热，T_{101} 会逐渐达到设定值，实验过程中电加热会根据风量自动调节加热功率，满足实验要求。

（3）待电加热的出口温度达到设定温度后开始装物料：塔内装入湿绿豆约 100 mm 高，然后关闭 VA05。

（4）实验过程中根据实验现象调节气泵转速，保证正常流化状态。

（5）实验过程中观察物料及床层状态的变化，同时留意流化床干燥塔塔体压降变化趋势，学习流化床干燥塔干燥曲线的绘制。

（6）待流化床干燥塔压降基本不变时干燥过程基本结束。可通过后台数据记录查看干燥曲线变化趋势。

（7）停止加热：关闭电加热。

（8）卸料：等床层温度降到约 50 ℃ 以下，首先打开 VA01，调节气泵至最大转速，对电加热进行快速降温，然后关闭 VA04，翻转卸料手柄，待物料落下后，打开 VA04、VA06，用容器接装。（每次不一定完全清理干净）

特别提示：在翻转卸料手柄前一定要关闭 VA03，防止物料进入流化床干燥塔进风管道，清理麻烦。

（9）停车：待电加热的出口温度低于 50 ℃ 即可关闭气泵，关闭总电源。

3. 厢式干燥实验

（1）将待干燥试样浸水，使试样含有适量水分，在 70～100 g 之间（不能滴水），以备干燥实验使用。

（2）检查气泵出口放空阀是否处于开启状态，打开 VA03，关闭 VA01。往湿球温度计小杯中加水。

（3）检查电源连接，开启控制柜总电源。启动气泵开关，调节气泵转速至 2 850 r/min。

（4）开启电加热，设置电加热的出口温度为 85 ℃，T_{101} 会逐渐达到设定值。

（5）温度 T_{102}、T_{103} 基本稳定后，放置待干燥物料——毛毡。放置物料前调节称重显示仪表，使称重示数归零。

（6）物料放置后，输入计算所需常数，点击触摸屏"数据记录"按钮，计算机开始自动记录物料质量变化。实验过程中可每隔 3 min 记录一次物料质量，直至物料质量基本稳定，停止记录。

（7）取出干燥后的物料，先关闭电加热。当电加热的出口温度降到 50 ℃ 以下时，关闭气泵。

五、注意事项

（1）电加热和气泵互锁，即开电加热前必须开启气泵，并且必须调节气泵转速，打开 VA03 或 VA02，保证有一定风量通过电加热，关闭气泵前必须先关闭电加热，且在温度降低到 50 ℃ 以下时再手动停气泵。防止电加热因空烧导致温度过高而损坏！

（2）实验过程中，电加热的温度过高，应尽量避免触碰电加热相关部件，虽然设备出厂时已做好相关保护措施，但还是建议远离危险，避免意外发生。

（3）配电 380 V，8 kW，实验过程中电流较大，严禁私自打开控制柜。

六、实验数据记录及处理

厢式干燥实验的实验数据记录和数据计算结果分别填入表 3-17 和表 3-18 所示。

表 3-17　厢式干燥实验的数据记录

序号	m/g	Δt/s	t/s	X	实际值	X 初始值	N_a/(g·m^{-2}·s^{-1})
1							
2							
3							
4							
5							
6							
7							

表3-18 厢式干燥实验的数据计算结果

设备数据	管径/mm	孔径/mm	A(干燥室)/m^2	$A_{孔}/A_{管}$	孔流系数 C_0	孔面积/m^2

物料尺寸	绝对干重/g	长/mm	宽/mm	厚/mm	表面积/m^2	

空气特性	T_{02}/℃	T_{03}/℃	p_S/Pa	r_w/(kJ·kg^{-1})	H_W	H

风量	p_{01}/Pa	T_{07}/℃	V_H/(m^3·kg^{-1})	ρ/(kg·m^{-3})	u_0/(m·s^{-1})	m/(kg·s^{-1})	G/(kg·m^{-2}·s^{-1})

传质系数	α/(kW·m^{-2}·K^{-1})	K_H/(kg·m^{-2}·s^{-1})	干燥速率/(g·m^{-2}·s^{-1})

思考题

1. 测定干燥速率曲线有什么理论或应用意义？

2. 实验中为什么要先开气泵送风，再开电加热？

3. 影响临界含水量的因素有哪些？临界含水量的测定有何意义？

4. 分析恒速段干燥速率和降速段干燥速率的大小取决于什么。

5. 本实验所得的流化床压降与气速曲线有何特征？

6. 在流化床干燥的操作中，可能出现腾涌和沟流两种不正常现象，如何利用床层压降对其进行判断？怎样避免它们的发生？

7. 什么是恒定干燥条件？本实验装置中采用了哪些措施来保持干燥过程在恒定干燥条件下进行？

8. 如何判断实验已经结束？

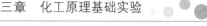

实验八　综合流体力学实验

一、实验目的

（1）了解综合流体力学实验所用到的实验设备、仪器仪表。

（2）了解并掌握直管摩擦系数 λ 的测定方法及变化规律，并将 λ 与 Re 的关系标绘在双对数坐标纸上。

（3）了解不同管径的直管摩擦系数 λ 与 Re 的关系。

（4）了解突缩如阀门局部阻力系数 ζ 与 Re 的关系。

（5）测定孔板流量计、文丘里流量计的流量系数 C_0、C_v 及永久压力损失。

（6）测定单级离心泵在一定转速下的操作特性，绘制特性曲线。

（7）测定并绘制当单级离心泵出口阀开度一定时的管路性能曲线。

（8）了解压差传感器、涡轮流量计的原理及应用方法。

二、实验原理

1. 管内流量及 Re 的测定

本实验采用涡轮流量计直接测出流量 $q(\mathrm{m^3/h})$，从而求出 Re：

$$u = 4q/(3\,600\pi d^2) \tag{3-63}$$

$$Re = \frac{du\rho}{\mu} \tag{3-64}$$

式中：d——管内径，m；

ρ——流体的密度，$\mathrm{kg/m^3}$。

μ——流体的黏度，$\mathrm{Pa \cdot s}$。

2. 直管阻力损失 Δp_f 及直管摩擦系数 λ 的测定

流体在管路中流动，由于黏性剪应力的存在，不可避免地会产生机械能损耗。根据范宁公式，流体在圆形直管内作定常稳定流动时的阻力损失（直管阻力损失）为

$$\Delta p_\mathrm{f} = \lambda \frac{l}{d} \cdot \frac{\rho u^2}{2} \tag{3-65}$$

式中：l——直管两测压点间的距离，m；

λ——直管摩擦系数，无因次量。

由式（3-65）可知，只要测得 Δp_f 即可求出直管摩擦系数 λ。根据伯努利方程可知：当两测压点处管径一样，且保证两测压点处速度分布正常时，两点压差 Δp 即为流体流经两测压点处的 Δp_f，则

$$\lambda = \frac{2\Delta p d}{\rho u^2 l} \tag{3-66}$$

式中：Δp——压差传感器读数，Pa。

以上对 Δp_f、λ 的测定方法适用于粗管、细管的直管段。

根据哈根-泊肃叶公式，流体在圆形直管内作层流流动时的摩擦阻力损失为

$$\Delta p_f = \frac{32\mu lu}{d^2} \tag{3-67}$$

上式与式（3-65）相比可得

$$\lambda = \frac{64\mu}{du\rho} = \frac{64}{Re} \tag{3-68}$$

3. 突缩、阀门局部阻力损失 $\Delta p_f'$ 及其局部阻力系数 ζ 的测定

流体流经突缩、阀门时，由于速度的大小和方向发生变化，流动受到阻碍和干扰，出现涡流而引起的局部阻力损失为

$$\Delta p_f' = \zeta \frac{\rho u^2}{2} \tag{3-69}$$

式中：ζ——局部阻力系数，无因次量。

对于测定管件的局部阻力损失，其方法是在管件前后的稳定段内分别设置两个测压点，按流向顺序分别为 1、2、3、4 点，在 1、4 点和 2、3 点分别连接两个压差传感器，分别测出压差为 Δp_{14}、Δp_{23}。

2 点至 3 点的总能耗可分为直管阻力损失 Δp_{f23} 和阀门局部阻力损失 $\Delta p_f'$，即

$$\Delta p_{23} = \Delta p_{f23} + \Delta p_f' \tag{3-70}$$

1 点至 4 点的总能耗可分为直管阻力损失 Δp_{f14} 和阀门局部阻力损失 $\Delta p_f'$，1 点至 2 点的距离和 2 点至管件的距离相等，3 点至 4 点的距离和 3 点至管件的距离相等，因此

$$\Delta p_{14} = \Delta p_{f14} + \Delta p_f' = 2\Delta p_{f23} - \Delta p_f' \tag{3-71}$$

由式（3-71）得

$$\Delta p_f' = 2\Delta p_{23} - \Delta p_{14} \tag{3-72}$$

因此，局部阻力系数为

$$\zeta = \frac{2 \times (2\Delta p_{23} - \Delta p_{14})}{\rho u^2} \tag{3-73}$$

4. 孔板流量计的标定

孔板流量计是利用动能和静压能相互转换的原理设计的，它是以消耗大量机械能为代价进行测量的。孔板的开孔越小，通过孔口的平均流速 u_0 越大，孔前后的压差 Δp 也越大，阻力损失也随之增大。其结构如图 3-18 所示。

为了减小流体通过孔口后由于突然扩大而引起的大量漩涡能耗，在孔板后开一渐扩形圆角。因此，孔板流量计的安装是有方向的。若是反方向安装，则不光是能耗增大，同时其流量系数也将改变。

孔板流量计中流量的计算公式为

$$q = C_0 A_0 \sqrt{\frac{2\Delta p}{\rho}} \tag{3-74}$$

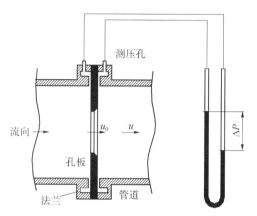

图3-18　孔板流量计的结构

式中：q——流量，m^3/s；

$\quad\quad C_0$——孔流系数（无因次量，本实验中需要标定）；

$\quad\quad A_0$——孔截面积，m^2；

$\quad\quad \Delta p$——压差，Pa；

$\quad\quad \rho$——管内流体密度，kg/m^3。

在本实验中，只要测出对应流量 q 和压差 Δp，即可计算出其对应的孔流系数 C_0。

5. 文丘里流量计的标定

为了测定流量而引起过多的能耗显然是不合适的，应尽可能设法降低能耗。能耗源于孔板的突然缩小和突然扩大，特别是后者。因此，若设法将测量管段制成如图3-19所示的渐缩和渐扩管，避免突然缩小和突然扩大，则必然降低能耗，这种管称为文丘里管，制成的流量计称为文丘里流量计，如图3-19所示。

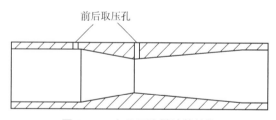

图3-19　文丘里流量计的结构

文丘里流量计的工作原理与公式推导过程完全与孔板流量计相同，但以 C_v 代替 C_0，因为在同一流量下，文丘里流量计中的压差小于孔板流量计的压差，因此 C_v 一定大于 C_0。

在本实验中，只要测出对应的流量 q 和压差 Δp，即可计算出其对应的系数 C_0 和 C_v。

6. 离心泵特性曲线的测定

离心泵特性曲线取决于离心泵的结构、尺寸和转速。对于某一离心泵在一定的转速下，离心泵的扬程 H 与流量 q 之间存在一定的关系。此外，离心泵的轴功率 P 和效率 η 亦随泵的流量 q 而改变。因此，H-q、P-q 和 η-q 三条关系曲线反映了离心泵特性，称为离心泵特性曲线。

（1）流量 q 的测定。

本实验中采用涡轮流量计直接测量泵的流量 q。

（2）扬程 H 的计算。

根据伯努利方程得

$$H = \frac{\Delta p}{\rho g} \times 10^6 \quad （\text{m 液柱}） \tag{3-75}$$

式中：H——扬程；

Δp——压差；

ρ——水在操作温度下的密度；

g——重力加速度。

本实验中采用 U 形管压差计直接测量 Δp。

（3）离心泵的总效率为

$$\eta = \frac{\text{离心泵的有效功率}}{\text{离心泵的轴功率}} = \frac{qH\rho g}{P_\text{轴}} \times 100\% \tag{3-76}$$

式中：$P_\text{轴}$——离心泵的轴功率，为电动机的功率乘以电动机的效率，其中电动机功率用三相功率表测得。

（4）转速校核。应将以上所测参数校正为额定转速 $n' = 2\,850$ r/min 下的数据来绘制特性曲线：

$$\frac{q'}{q} = \frac{n'}{n} \quad \frac{H'}{H} = \left(\frac{n'}{n}\right)^2 \quad \frac{p'}{p} = \left(\frac{n'}{n}\right)^3 \tag{3-77}$$

式中：n'——额定转速，$n' = 2\,850$ r/min；

n——实际转速，r/min。

7. 管路性能曲线的测定

对于管路系统，当其中的管路长度、局部管件都确定，且管路上的阀门开度均不发生变化时，其管路有一定的特征性能。根据伯努利方程，最具有代表性和明显的特征是，不同的流量有不同的能耗，对应的就需要提供不同的外部能量。根据对应的流量与需提供的外部能量之间的关系，则可以描述管路的性能。

管路系统分为低阻管路和高阻管路。本实验中将阀门全开时称为低阻管路，将阀门关闭至某一定值时称为高阻管路。

测定管路性能与测定泵性能的区别是，测定管路性能时管路系统是不能变化的，管路内的流量调节不是靠管路调节阀，而是靠改变泵的转速来实现的。用变频器调节泵的转速来改变流量，测出对应流量下泵的扬程，即可计算管路性能。

三、实验装置

综合流体实验装置如图 3-20 所示。

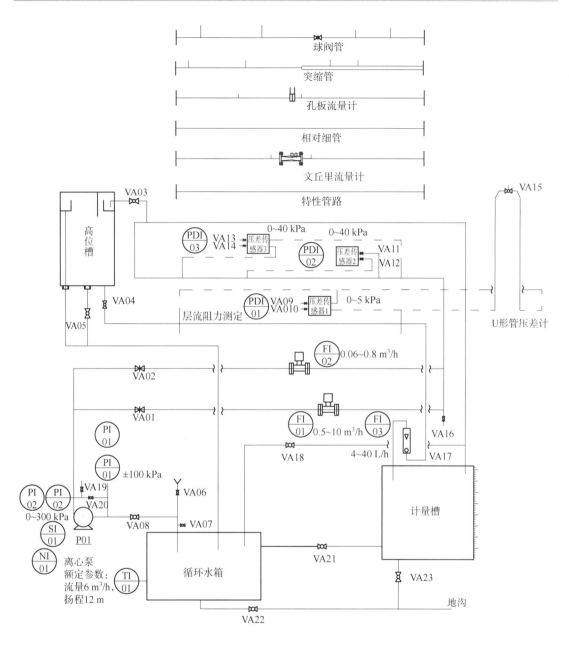

VA01—流量调节阀;VA02—流量调节阀;VA03—高位槽上水阀;VA04—层流管开关阀;VA05—高位槽放净阀;VA06—灌泵阀;VA07—离心泵入口排水阀;VA08—离心泵入口阀;VA09、VA10—压差传感器 1 排气阀;VA11、VA12—压差传感器 2 排气阀;VA13、VA14—压差传感器 3 排气阀;VA15—U 形管压差计排气阀;VA16—管路放净阀;VA17—层流管流量调节阀;VA18—管路排水阀;VA19、VA20—离心泵进、出口压力测量管排气阀;VA21—计量槽排水阀;VA22—水箱放净阀;VA23—计量槽放净阀;TI01—循环水温度;FI01—湍流流量测量;FI02—过渡流流量测量;FI03—层流流量测量;PDI01—压差测量 1;PDI02—压差测量 2;PDI03—压差测量 3;PI01—离心泵入口压力;PI02—离心泵出口压力;FI01—管路流量;FI02—管路流量;FI03—转子流量计流量。

图 3-20 综合流体实验装置

设备仪表参数如下。

离心泵：不锈钢材质，0.55 kW，6 m³/h。

循环水箱：PP 材质，710 mm×490 mm×380 mm（长×宽×高）。

涡轮流量计：有机玻璃壳体，0.5~10 m³/h。

压差和压力传感器：压差传感器 1：测量范围 0~5 kPa；压差传感器 2：测量范围 0~40 kPa；压差传感器 3：测量范围 0~40 kPa；压力传感器 1：测量范围 0~300 kPa；压力传感器 2：测量范围 -100~100 kPa。

温度传感器：Pt100 传感器。

细管测量段：内径 $\phi15$ mm，透明 PVC，测点长 1 000 mm。

粗管测量段：内径 $\phi20$ mm，透明 PVC，测点长 1 000 mm。

粗糙细管测量段：内径 $\phi15$ mm，透明 PVC，测点长 1 000 mm。

粗糙粗管测量段：内径 $\phi20$ mm，透明 PVC，测点长 1 000 mm。

阀门测量段：内径 $\phi15$ mm，PVC 球阀。

突缩测量段：内径 $\phi25$ mm 转 $\phi15$ mm，透明 PVC，4 个测点。

层流管测量段：内径 $\phi4$ mm，测点长 1 300 mm。

文丘里流量计测量段：$d_0 = 20$ mm，$A_0/A_1 = 0.714$，透明 PVC。

孔板流量计测量段：$d_0 = 20$ mm，$A_0/A_1 = 0.599$，透明 PVC。

泵特性测量段：内径 $\phi25$ mm，透明 PVC。

四、实验步骤

（1）熟悉：按事先（实验预习时）分工，熟悉流程及各测量仪表的作用。

（2）检查：检查各阀是否关闭。

（3）模块安装：根据实验内容选择对应的管路模块，通过活连接接入管路系统，使用软管正确接入对应的压差传感器。

注意：

①无论完成什么实验内容，两个支路上必须保证有模块连接。

②层流管路使用压差传感器 1，球阀局部阻力及突缩局部阻力使用压差传感器 2 和 3，其余管路的测量均使用压差传感器 2。

（4）灌泵：离心泵的位置高于水面，为防止离心泵启动发生气缚，应先把离心泵灌满水；打开 VA08、VA19、VA06，向离心泵内加水，当出口管有液面出现时，关闭 VA19、VA06，等待启动离心泵。

（5）开车：依次打开主机电源、控制电源、计算机，启动软件，点击"开始实验"按钮，启动离心泵，当泵差压读数明显增加（一般大于 0.15 MPa）时，说明离心泵已经正常启动，未发生气缚现象，否则需重新进行灌泵操作。

（6）测定与标定。

注意：

系统内空气是否排尽是决定本实验能否正确进行的关键。

①直管阻力损失的测定（在软件中单击"与接入管路对应实验"按钮）。

a. 将相对细管装入管路，连接压差传感器 2。

b. 排气：先打开 VA18，再全开 VA01，然后打开压差传感器上的排气阀 VA11、VA12，约 1 min 后，观察，若引压管内无气泡，则先关闭压差传感器上的排气阀 VA11、VA12，再关闭 VA01。

c. 逐渐开启 VA01，根据涡轮流量计示数进行调节，同时注意压差不能超过 40 kPa。

直管阻力损失的测定推荐采集数据依次控制在 $Q(\mathrm{m^3/h}) = 0.8$、1.2、1.8、2.7、4、5.5（若无法达到 5.5，则在 VA01 全开时记录数据，直管阻力损失的测量可以做到最大流量，实验点分布可自由选择）。

注意：

以下每次测量，注意查看压差传感器示数，在流量为零时示数是否为零，若不为零，按"清零"键清零后再开始记录数据。

d. 此管测定完成后，关闭 VA01 和离心泵，更换待测管路，按上述步骤依次进行其他直管阻力损失的测定。

注意：

更换支路前请开启 VA16，放净管路内液体。

②局部阻力损失的测定（在软件中单击"与接入管路对应实验"按钮）。

a. 将球阀支路装入管路，中间测压点接压差传感器 2，两边测压点接压差传感器 3。

b. 排气：先全开 VA01，然后打开压差传感器上的 VA11、VA12、VA13、VA14，约 1 min 后，观察，若引压管内无气泡，则先关闭压差传感器上的 VA11、VA12、VA13、VA14，再关闭 VA01。

c. 启动离心泵，逐渐开启 VA01，根据涡轮流量计示数进行调节。

球阀管的局部阻力损失的测定推荐采集数据依次控制在 $Q(\mathrm{m^3/h}) = 0.8$、1.2、1.5、2.0、2.5、最大。

d. 此管测定完成后，关闭 VA01 和离心泵，更换球阀管为突缩管，按上述步骤依次进行局部阻力损失的测量。

突缩管的局部阻力损失的测定推荐采集数据依次控制在 $Q(\mathrm{m^3/h}) = 0.8$、1.2、1.5、2.0、2.5、最大。

注意：

更换支路前请开启 VA16，放净管路内液体。

③流量计的标定（在软件中单击"与接入管路对应实验"按钮）。

a. 将文丘里流量计装入管路，连接压差传感器 2；

b. 排气：全开 VA01，然后打开压差传感器上的 VA11、VA12，约 1 min 后，观察，若引压管内无气泡，则先关闭压差传感器上的 VA11、VA12，再关闭 VA01。

c. 启动离心泵，逐渐开启 VA01，根据以下流量计示数进行调节。

文丘里流量计的标定推荐采集数据依次控制在 $Q(\mathrm{m^3/h}) = 0.8$、1.2、1.8、2.7、4、5.5（若无法达到 5.5，则在 VA01 全开时记录数据）。

d. 此管测定完成后，关闭 VA01 和离心泵，更换文丘里流量计为孔板流量计，按上述步骤依次进行孔板流量计的标定。

孔板流量计的标定推荐采集数据依次控制在 $Q(\mathrm{m^3/h}) = 0.8$、1.2、1.8、2.5、3、最大（最大流量以压差传感器示数不超过 40 kPa 为标准）。

e. 以上步骤做完后，关闭 VA18，管路出口液体排入计量槽，调节 VA01，用秒表计时，记录计量槽一定高度液位变化所用时间及对应的压差，由计量槽截面积即可计算管路流量。调节 VA01，依次记录不同流量下的压差，代入流量计的流量计算式，即可由体积法对不同流量计进行标定。

f. 进行流量计标定时，将永久压力测量孔连接压差传感器 3，测量流量计的永久压力损失。

注意：

更换支路前请开启 VA16，放净管路内液体。

④层流管路的测定（在软件中单击"与接入管路对应实验"按钮）。

a. 启动离心泵，打开 VA03，确认高位槽注满水后，微开 VA03 维持高位槽稳定溢流。

b. 开启 VA04、VA15，待 U 形管压差计装满水后，开启 VA17，VA09、VA10，VA15，观察各排气管，待气泡排净后，依次关闭以上各阀门（此时 U 形管压差计应装满水）。

c. 开启 VA17，待 U 形管压差计水位下降一定高度后，关闭 VA17，开启 VA04，逐渐调节 VA17 开始层流管路的测定。层流管路的测定采用压差传感器 1，流量由转子流量计直接读取，然后手动输入力控数据，即可自动参与计算。

注意：

在输入数据时进行单位换算，力控数据计算以 $\mathrm{m^3/h}$ 为单位。

⑤离心泵特性曲线的测定（在软件中单击"离心泵特性实验"按钮）。

a. 将特性管支路装入管路。

注意：

更换支路前请开启 VA16，放净管路内液体。

b. 排气：先全开 VA01，然后打开 VA19、VA20，约 1 min 后，观察，若引压管内无气泡，则关闭 VA19、VA20。

c. 调节 VA01，每次改变流量，应以涡轮流量计读数 F_{I01} 变化为准。

d. 完成后，关闭 VA01 和离心泵。

e. 离心泵性能曲线的测定结束后可手动关闭 VA08，启动离心泵，观察离心泵气蚀现象。

⑥管路性能曲线的测定。

低阻管路性能曲线的测定：（在软件中单击"低阻管路性能实验"按钮）。

a. 管路性能的测定不用更换管路，采用离心泵特性曲线的测定管路即可。

b. 开启 VA01 至最大，从大到小依次调节离心泵转速来改变流量，转速的确定应以涡轮流量计读数变化为准。

c. 记录数据，然后调节转速。

d. 测定完成后，将转速设定为 2 850 r/min。

高阻管路性能曲线的测定：（在软件中单击"高阻管路性能实验"按钮）。

a. 在离心泵转速 2 850 r/min 的条件下，关小 VA01，将流量调节到使 F_{I01} 约为 4 m³/h（此后，阀门不再调节）；逐渐调节转速，每次改变流量，应以涡轮流量计读数变化为准。

b. 记录数据，然后调节转速。

c. 测定完成后，将转速设定为 2 850 r/min。

（7）停车。

实验完毕后，关闭所有阀门，停离心泵，开启 VA16、VA07，最后关闭电源。

五、注意事项

（1）每次启动离心泵前先检测水箱是否有水，严禁离心泵内无水空转！

（2）在启动离心泵前，应检查三相动力电源是否正常，若缺相，则极易烧坏电动机；为保证安全，检查接地是否正常；在离心泵内有水情况下检查离心泵的转动方向，若反转流量达不到要求，则对离心泵不利。

（3）长期不用时，应将水箱及管道内水排净，并用湿软布擦拭水箱，防止水垢等杂物粘在水箱上面。

（4）严禁打开控制柜，以免发生触电。

（5）在冬季造成室内温度达到冰点时，设备内严禁存水。

（6）操作前，必须将水箱内异物清理干净，需先用抹布擦干净，再往循环水槽内加水，启动离心泵让水循环流动冲刷管道一段时间，再将循环水槽内水排净，最后注入水以准备实验。

六、实验数据记录及处理

直管阻力损失测定实验、局部阻力损失测定实验、流量计标定实验、离心泵特性的数据记录及计算结果分别填入表 3-19、表 3-20、表 3-21 及表 3-22 所示。

表 3-19 直管阻力损失测定实验的数据记录及计算结果

相对细管							
p_{DI02}/kPa	F_{I01}/(m³·h⁻¹)	u/(m·s⁻¹)	Re	λ	lg Re	lg λ	|lg λ|

续表

相对粗管							
p_{DI02}/kPa	F_{I01}/(m³·h⁻¹)	M/(m·s⁻¹)	Re	λ	$\lg Re$	$\lg \lambda$	$\lvert \lg \lambda \rvert$

表 3-20 局部阻力损失测定实验的数据记录及计算结果

球阀管									
p_{DI02}/kPa	p_{DI03}/kPa	F_{I01}/ (m³·h⁻¹)	u/(m·s⁻¹)	$\Delta' p_f$/ kPa	Re	ζ	$\lg Re$	$\lg \zeta$	$\lvert \lg \zeta \rvert$
突缩管									
p_{DI02}/kPa	p_{DI03}/kPa	F_{I01}/ (m³·h⁻¹)	u/(m·s⁻¹)	$\Delta' p_f$/ kPa	Re	ζ	$\lg Re$	$\lg \zeta$	$\lvert \lg \zeta \rvert$

表 3–21　流量计标定实验的数据记录及计算结果

文丘里流量计							
p_{DI02}/kPa	p_{DI03}/kPa	F_{I01}/(m³·h⁻¹)	u/(m·s⁻¹)	Δp_f/kPa	Re	F	C_v
孔板流量计							
p_{DI02}/kPa	p_{DI03}/kPa	F_{I01}/(m³·h⁻¹)	u/(m·s⁻¹)	Δp_f/kPa	Re	F	C_0

表 3–22　离心泵特性曲线实验的数据记录及计算结果

p_{I01}/kPa					
p_{I02}/kPa					
F_{I01}/(m³·h⁻¹)					
J_{I01}/W					
S_{I01}/(r·min⁻¹)					
Δp/kPa					
H/m					
H'/m					
q'/(m³·s⁻¹)					
η					
p'/W					

思考题

1. 管路特性曲线的形状与离心泵的性能有关吗？它取决于哪些因素？改变管路特性曲线的方法有哪些？

2. 为什么要在关闭进气口的情况下启动电动机？

3. 测速管测定流速的原理是什么？

4. 用一台输水的离心泵输送密度与水不同的其他液体，此时离心泵的流量、压头、功率、效率是否改变？

5. 随着流量增加，离心泵出口处压力表和入口处真空表读数有何变化？

6. 如果要增加雷诺数的范围，可采取哪些措施？

7. 测出的直管阻力损失与直管的放置状态有关吗？请说明原因。

8. 离心泵启动时，为什么要关闭出口阀？关闭离心泵时，为什么要关闭出口阀？

9. 离心泵启动后，如不打开出口阀会有什么结果？

10. 为什么离心泵可通过出口阀调节流量？用这种方法调节流量有什么优缺点？

11. 试分析气缚和气蚀现象的区别。

12. 离心泵启动前为什么必须灌水？如果灌水排气后，离心泵仍然不启动，可能是什么原因？

13. 为什么启动离心泵时要关闭离心泵的出口阀和功率表？

14. 若流量相同，孔板流量计所测压差与文丘里流量计所测压差哪一个大？为什么？

15. 安装孔板流量计与文丘里流量计时应注意哪些问题？

16. 孔流系数与哪些因素有关？

实验九　超临界 CO_2 流体萃取大豆油实验

一、实验目的

（1）了解超临界 CO_2 流体萃取大豆油的基本原理。

（2）掌握超临界萃取装置的操作技术。

二、实验原理

超临界萃取技术是现代化工分离中出现的新技术，是目前国际上兴起的一种先进的分离工艺。超临界流体，是指热力学状态处于临界点（p_c、T_c）之上的流体，临界点是气、液界面刚刚消失的状态点，超临界流体具有十分独特的物理化学性质，它的密度接近于液体，黏度接近于气体，具有扩散系数大、黏度小、介电常数大等特点，使其分离效果较好，是很好的溶剂。超临界萃取技术就是在高压、合适温度下，使萃取缸中溶剂与被萃取物接触，溶质扩散到溶剂中，再在分离器中改变操作条件，使溶解物质析出以达到分离目的。

本实验中的超临界萃取装置由于选择了 CO_2 作为萃取剂，因此其具有以下特点。

（1）操作范围广，便于调节。

（2）选择性好，可通过控制压力和温度，有针对性地萃取所需成分。

（3）操作温度低，在接近室温条件下进行萃取，这对于热敏性成分尤其适宜，萃取过程中排除了遇氧氧化和见光反应的可能性，萃取物能够保持其自然风味。

（4）从萃取到分离一步完成，萃取后的 CO_2 不残留在萃取物上。

（5）CO_2 无毒、无味、不易燃、价廉易得，且可循环使用。

（6）萃取速度快。

近几年来，超临界萃取技术在国内外得到迅猛发展，先后在啤酒花、香料、中草药、油脂、石油化工、食品保健等领域实现工业化。

三、实验装置

1. 仪器

超临界萃取装置、筛子、粉碎机。

2. 试剂

CO_2 气体（纯度≥99.9%）、大豆、无水乙醇（分析纯）。

3. 超临界萃取技术的工艺流程及超临界萃取装置

超临界萃取装置是由萃取剂供应系统、低温系统、高压系统、萃取系统、分离系统、改性剂供应系统、循环系统组成的。超临界萃取技术的工艺流程如下：由液体 CO_2 瓶提供高纯液体 CO_2，经高压系统流入保持在一定温度（高于 T_c）下的萃取池。在萃取缸中可溶于超临界流体的溶质经扩散分配溶解在超临界流体中，并随超临界流体一起流出萃取缸，经阻尼器减压或升温后进入收集器，多余的超临界流体排空或循环使用。超临界萃取装置的结构如图 3-21 所示。

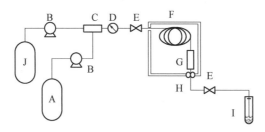

A—液体 CO_2 瓶；B—高压泵；C—三通接头；D—压力表；E—开关阀；F—炉箱；

G—萃取缸；H—阻尼器；I—收集器；J—改性剂瓶。

图 3-21　超临界萃取装置的结构

四、实验步骤

1. 原料预处理

取 700 g 大豆用粉碎机破碎，过筛至 10~20 目。

2. 萃取

本实验中超临界萃取技术的工艺流程如图 3-22 所示，具体步骤如下。

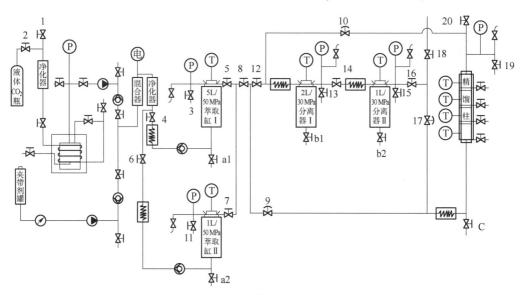

图 3-22　超临界萃取技术的工艺流程

（1）开总电源，打开阀门 1、阀门 2、球阀；开冷循环、制冷；开萃取缸 II、分离器 I、分离器 II 温度开关；设定萃取缸 II 和分离器 I 的温度（温度范围为 35~75 ℃），分离器 II 温度不变。

（2）打开阀门 2，6，7，8，12，14，16，18，1，用萃取缸 II 时，关闭阀门 6，7；慢慢打开阀门 11，使萃取缸 II 压力为 0；打开堵头，装料，盖上堵头。

（3）关闭阀门 11；慢慢打开阀门 6，使萃取缸Ⅱ压力与贮罐压力相等；再全开阀门 6，7；然后打开阀门 11 排空（5~10 s），再开泵 1；关闭阀门 8，升萃取缸Ⅱ的压力，等到萃取缸Ⅱ压力快达到设定压力（油脂的设定压力为 25~30 MPa）时，调节阀门 8 使压力处于设定压力；关闭阀门 14，升分离器Ⅰ的压力，等分离器Ⅰ的压力快达到设定压力时，调节阀门 14，使压力处于设定压力，开始计时。

（4）若干小时后，实验完成，停泵 1；慢慢打开阀门 14 和 8，使分离器Ⅰ和萃取缸Ⅱ压力与贮罐压力相等；关闭阀门 6，7，慢慢打开阀门 11 排空，使萃取缸Ⅱ压力为 0；打开堵头，取出料桶。

（5）实验完成后，关闭冷循环、制冷、分离器Ⅰ、分离器Ⅱ、萃取缸Ⅱ，关闭阀门 2、阀门 1、球阀。

五、注意事项

（1）贮罐加热：采用加热圈加热，开始时 5~6 s 试温，当贮罐压力显示为 5~6 MPa 时，即可停止加热，加热最高压力为 6 MPa。

（2）装料：装料以后，贮罐加盖压紧，凸面朝上，按顺序排列放置小 O 形圈、环、大 O 形圈和堵头。

（3）萃取缸Ⅰ的温度设定为 35~75 ℃，最大压力 $p_{max}=35$ MPa，萃取缸Ⅱ的温度和压力设定范围同萃取缸Ⅰ；分离器Ⅰ的温度设定为 35~75 ℃，压力为 8~12 MPa，最大压力 $p_{max}=16$ MPa。

六、实验数据记录及处理

出油率＝萃取物质量/原料质量。

超临界 CO_2 流体萃取大豆油的理化指标分别如下。

1. 油脂折射率的测定（20 ℃）

（1）试剂：乙醚、乙醇（分析纯）。

（2）测定。

先用纯水校正仪器。经校正后的仪器，用乙醚将上下棱镜揩净后，用圆头玻璃棒取经混匀、过滤的试样两滴，滴在下棱镜上（玻璃棒不要触及镜面），转动上棱镜，关紧两块棱镜。待试样温度稳定后（约经 3 min），转动阿米西棱镜手轮和棱镜转动手轮，使视野分成清晰可见的明暗两部分，其分界线恰好在十字交叉点上，记下标尺读数和温度。

（3）结果计算。

标尺读数即为测定温度条件下的油脂折射率。测定温度不在 20 ℃时，应按式（3-78）将其换算为 20 ℃时的折射率：

$$n^{20}=n'+0.000\ 38\times(T-20) \tag{3-78}$$

式中：n^{20}——20 ℃时的折射率；

$\quad\quad n'$——油温为 T 时测得的油脂折射率；

$\quad\quad T$——测得油脂折射率时的油温；

0.000 38——油温在 10~30 ℃范围内，每差 1 ℃时折射率的校正系数。

2. 油脂酸价的测定

（1）方法及原理。

用中性乙醇和乙醚混合溶剂溶解油样，然后用碱（氢氧化钾）标准溶液滴定其中的游离脂肪酸，每克油样消耗氢氧化钾的质量（mg）即为该油样的酸价。

（2）试剂。

①KOH 标准溶液：0.1 mol/L，或氢氧化钠标准溶液。

②中性乙醚：乙醇（2∶1）混合溶剂，临用前用 0.1 mol/L 碱液滴定至中性。

③酚酞-乙醇溶液指示剂：1 g/100 mL。

（3）仪器和用具：25 mL 滴定管，250 mL 锥形瓶，感量 0.001 g 的天平，容量瓶，移液管，称量瓶，试剂瓶等。

（4）操作方法：称取混匀试样 3~5 g 注入锥形瓶中，加入混合溶剂 50 mL，摇动使试样溶解，再加 3 滴酚酞指示剂，用 0.1 mol/L 碱液滴定至出现微红色，在 30 s 内不消失，记下消耗的碱液体积 V。

（5）结果计算：

$$酸价 = \frac{VCM}{m}$$

(3-79)

式中：V——滴定消耗的氢氧化钾溶液体积，mL；

$\qquad$ C——KOH 溶液浓度，mol/L；

$\qquad$ m——试样质量，g；

$\qquad$ M——KOH 的摩尔质量，取 56.1 g/mol。

结果允许差不超过 0.2 mg/g，求其平均数，即为测定结果。测定结果取小数点后一位。

实验数据记录和实验数据计算结果分别填入表 3-23、表 3-24。

表 3-23　实验数据记录表

时间	CO₂流量/	装置压力/MPa				装置温度/℃			
/min	(kg·h⁻¹)	混合器	萃取缸	分离器 I	分离器 II	冷凝器	萃取缸	分离器 I	分离器 II
0									
5									
10									
15									
20									
25									
⋮									
60									

表 3-24　实验数据计算结果

原料质量/g	萃取物质量/g	出油率		
室温/℃	n^{20}	油温 T/℃	校正系数	油脂折射率 n
			0.00 038	
V	C	试样质量 m/g	M/(g·mol^{-1})	油脂酸价
			56.1	

思考题

1. 超临界流体概念是什么？
2. 超临界流体的特性是什么？
4. 分离器的操作参数根据什么确定？
5. 食品加工中采用超临界萃取技术，为什么选择 CO_2 作为萃取剂？
6. 讨论超临界萃取装置还可以应用到哪些方面。

实验十　恒压过滤实验

一、实验目的

(1) 了解板框过滤机的构造和操作方法，熟悉定值调压阀、安全阀的使用方法。

(2) 掌握过滤方程式中恒压过滤常数的测定方法。

(3) 考察洗涤速率与最终过滤速率的关系。

(4) 了解操作压力对过滤速度的影响，并测定出比阻。

二、实验原理

1. 恒压过滤方程式

恒压过滤方程式为

$$(V+V_e)^2 = KA^2(t+t_e) \tag{3-80}$$

式中：V——滤液体积，m^3；

　　　V_e——过滤介质的当量滤液体积，m^3；

　　　K——过滤常数，m^2/s；

　　　A——过滤面积，m^2；

　　　t——相当于得到 V 所需的过滤时间，s；

　　　t_e——相当于得到 V_e 所需的过滤时间，s。

式 (3-80) 也可以写为

$$(q+q_e)^2 = K(t+t_e) \tag{3-81}$$

式中：q——单位过滤面积的滤液量，m，$q=V/A$；

　　　q_e——单位过滤面积的虚拟滤液量，m，$q_e=V_e/A$。

2. 过滤常数 K、q_e、t_e 的测定

将式 (3-81) 对 q 求导数，得

$$\frac{dt}{dq} = \frac{2}{K}q + \frac{2}{K}q_e \tag{3-82}$$

这是一个直线方程式，以 dt/dq 对 q 在普通坐标纸上标绘必得一直线，它的斜率为 $2/K$，截距为 $2q_e/K$，但是 dt/dq 难以测定，故实验时可用 $\Delta t/\Delta q$ 代替 dt/dq，即

$$\frac{\Delta t}{\Delta q} = \frac{2}{K}q + \frac{2}{K}q_e \tag{3-83}$$

因此，只需在某一恒压下进行过滤，测取一系列的 q、Δt、Δq 值，然后在笛卡儿坐标系中以 $\Delta t/\Delta q$ 为纵坐标，以 q 为横坐标（由于 $\Delta t/\Delta q$ 的值是对 Δq 来说的，因此图上 q 的值应

取其此区间的平均值），即可得到一直线，这条直线的斜率为 $2/K$，截距为 $2q_e/K$，由此可求出 K 及 q_e，再将 $q=0$，$t=0$ 代入式（3-81）即可求得 t_e。

3. 洗涤速率与最终过滤速率的测定

洗涤速率的计算：

$$\left(\frac{\mathrm{d}V}{\mathrm{d}t}\right)_{洗} = \frac{V_w}{t_w} \tag{3-84}$$

式中：V_w——洗液量，m^3；

$\quad\quad t_w$——洗涤时间，s。

最终过滤速率的计算：

$$\left(\frac{\mathrm{d}V}{\mathrm{d}t}\right)_{终} = \frac{KA^2}{2(V+V_e)} = \frac{KA}{2(q+q_e)} \tag{3-85}$$

在一定压力下，洗涤速率是恒定不变的；它可以在水量流出正常后开始计量，计量多少也可根据需要决定，因此它的测定比较容易。最终过滤速率的测定则比较困难；它是一个变数，过滤操作要进行到滤框全部被滤渣充满，此时的过滤速率才是最终过滤速率。它可以由滤液量显著减少来估计。此时，滤液出口处的液流由满管口变成线状流下。也可以利用作图法来确定，一般情况下，最后的 $\Delta t/\Delta q$ 对 q 在图上标绘的点会偏高，可在图中直线的延长线上取点，作为过滤终了阶段来计算最终过滤速率。至于在本实验所用板框式过滤机中洗涤速率是否为最终过滤速率的四分之一，可根据实验设备和实验情况自行分析。

4. 滤浆浓度的测定

如果固体粉末的颗粒比较均匀的话，滤浆浓度和它的密度有一定的关系，因此可以量取 100 mL 的滤浆称出质量，然后从浓度-密度关系曲线中查出滤浆浓度。此外，也可以利用测量过滤中的干滤饼及同时得到的滤液量来计算。干滤饼要用烘干的办法来取得。如果滤浆没有泡沫，也可以用测比重的方法来确定浓度。

本实验是根据配料时加入水和干物料的质量来计算其实际浓度的，即

$$w = \frac{w_{物料}}{w_{水}+w_{物料}} \times 100\% = \frac{1.5}{21+1.5} \times 100\% = 6.67\% \tag{3-86}$$

单位体积悬浮液中所含物料体积 φ 为

$$\varphi = \frac{w/\rho_P}{w/\rho_P + (1-w)/\rho_{水}} \tag{3-87}$$

5. 比阻 r 与压缩指数的求取

因过滤常数 $K = \dfrac{2\Delta p}{\eta\mu\varphi}$ 与过滤压力有关，表面上看只有在实验条件与工业生产条件相同时才可直接使用实验测定的结果。实际上这一限制并非必要，如果能在几个不同的压差下重复过滤实验（应保持在同一物料浓度、过滤温度），从而求出比阻 r 与压差 Δp 之间的关系，

则实验数据将具有更广泛的使用价值，它们之间的关系为

$$r = \frac{2\Delta p}{\mu \varphi K} \qquad (3-88)$$

式中：μ——实验条件下水的黏度，Pa·s；

φ——实验条件下物料的体积含量；

K——不同压差下的过滤常数，m^2/s；

Δp——过滤压差，Pa。

根据不同压差下的过滤常数计算出对应的比阻 r，对不同压差 Δp 与比阻 r 进行拟合回归，求出之间关系：

$$r = a\Delta p^b, \text{即} \ r = r_0 \Delta p^s \qquad (3-89)$$

式中：s——压缩指数，对于不可压缩滤饼，$s=0$；对于可压缩滤饼，s 为 0.2~1.2。

三、实验装置

恒压过滤实验装置如图 3-23 所示。

1. 流程说明

料液：料液由配浆槽经加压罐进料阀 VA05 进入加压罐，又经料液进口阀 VA10 进入板框式过滤机滤框内，通过滤布过滤后，料液（滤液）汇集至引流板，经滤液出口阀 VA09、洗涤水出口阀 VA11 流入计量罐；加压罐内残余料液可经加压罐残液回流阀 VA14 返回配浆槽。

气路：带压空气由压缩机输出，经进气阀（VA06-1、VA06-2 或 VA06-3）、稳压阀（VA07-1、VA07-2 或 VA07-3）、加压罐进气阀 VA12 进入加压罐内；或者经气动搅拌阀 VA03 进入配浆槽，经洗涤罐进气阀 VA13 进入洗涤罐。

2. 设备仪表参数

加压罐：$\phi325$ mm×370 mm，总容积 38 L，液面不超过进液口位置，有效容积约 21 L。

配浆槽：$\phi325$ mm，直筒高 370 mm，锥高 150 mm，锥容积 4 L。

洗涤罐：$\phi159$ mm×300 mm，容积 6 L。

板框式过滤机：$1^\#$滤板（非过滤板）1 块；$3^\#$滤板（洗涤板）2 块；$2^\#$滤框 4 块；两端的 2 个压紧挡板，作用同 $1^\#$滤板，因此也为 $1^\#$滤板。过滤面积 $A = \dfrac{0.125^2 \pi}{4} \times 2 \times 4$ $m^2 =$

0.098 18 m^2。滤框厚度 12 mm。四个滤框总容积 $V = \dfrac{0.125^2 \pi}{4} \times 0.012 \times 4$ L = 0.589 L。

电子称：量程 0~15 kg，显示精度 1 g。

压力表：0~0.25 MPa。

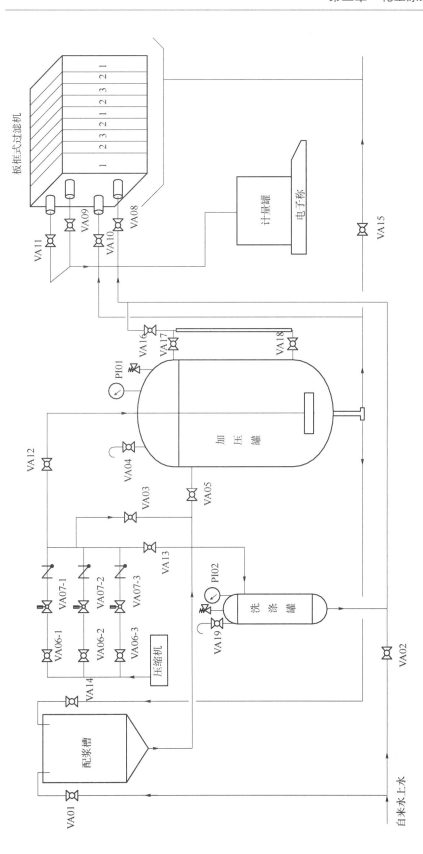

图 3-23　恒压过滤实验装置

VA01—配浆槽上水阀；VA02—洗涤罐上水阀；VA03—气动搅拌阀；VA04—加压罐放空阀；VA05—加压罐进料阀；VA06-1—0.1 MPa进气阀；VA06-2—0.15 MPa进气阀；VA06-3—0.2 MPa进气阀；VA07-1—0.1 MPa稳压阀；VA07-2—0.15 MPa稳压阀；VA07-3—0.2 MPa稳压阀；VA08—洗涤液进口阀；VA09—滤液出口阀；VA10—料液进口阀；VA11—洗涤水出口阀；VA12—加压罐进气阀；VA13—洗涤罐进气阀；VA14—加压罐残液回流阀；VA15—放净阀；VA16—液位计上口阀；VA17—液位计下口阀；VA18—液位计下口阀；VA19—洗涤罐泄压阀；PI01—加压罐压力；PI02—洗涤罐压力。

四、实验步骤

1. 实验前的准备工作

（1）板框式过滤机的滤布安装。按板、框的号数以 1-2-3-2-1-2-3-2-1 的顺序排列过滤机的板与框（顺序、方位不能错）；把滤布用水湿透，再将湿滤布覆在滤框的两侧（滤布孔与框的孔一致）；然后用压紧螺杆压紧板和框，板框式过滤机固定头的 4 个阀门均处于关闭状态。

（2）加水。若使加压罐中有 21 L 物料，直筒内容积应为 17 L，直筒内液体高为 210 mm。因此，直筒内液面到上沿高应为 370 mm−210 mm＝160 mm。

洗涤罐加水至洗涤罐的 3/4 处，为洗涤做好准备。

（3）配制料液。为了配置质量分数为 5%~7% 的轻质 $MgCO_3$ 溶液，21 L 水约按 21 kg 计算，应加轻质 $MgCO_3$ 固体粉末约 1.5 kg。将轻质 $MgCO_3$ 固体粉末倒入配浆槽内，加盖。启动压缩机，开启 VA03、VA06-1（稳压阀压力 0.1 MPa，逐渐开启配浆槽内的气动搅拌阀 VA03，气动搅拌使液相混合均匀）。关闭 VA03、VA06-1、VA07-1，开启 VA04，VA05 将配浆槽内配制好的料液放进加压罐，完成放料后关闭 VA04 和 VA05。

（4）料液加压。开启 VA12。先确定在什么压力下进行过滤，本实验装置可进行 3 个固定压力下的过滤，分别由 3 个稳压阀并联控制，从上到下分别是 0.1 MPa 稳压阀、0.15 MPa 稳压阀、0.2 MPa 稳压阀。以固定压力 0.1 MPa 为例，开启 VA06-1、VA07-1，使压缩空气进入加压罐下部的气动搅拌盘，气体鼓泡搅动使加压罐内的料液保持浓度均匀，同时将密封的加压罐内的料液加压，当加压罐内的压力维持在 0.1 MPa 时，准备过滤。

2. 实验操作

（1）过滤。

开启 VA09、VA11，全开 VA10，料液被压缩空气送入板框式过滤机过滤。滤液流入计量罐，测定收集一定质量的滤液量所需的时间（本实验建议每升高 600 g 读取时间数据）。待滤渣充满全部滤框后（此时滤液量很小，但仍呈线状流出）。关闭 VA10，停止过滤。

（2）洗涤。

洗涤时，关闭 VA12，开启 VA13，压缩空气进入洗涤罐，维持洗涤压力与过滤压力一致。关闭板框式过滤机固定头右上方 VA09，开启左下方 VA02，洗涤水经过滤渣层后流入称量筒，测定有关数据。

（3）卸料。

洗涤完毕后，关闭 VA02，旋开压紧螺杆，卸出滤渣，清洗滤布，整理板框。板框及滤布重新安装后，进行另一个压力操作。

（4）过滤。

由于加压罐内有足够的同样浓度的料液，按上述步骤（1）、（2）、（3），调节过滤压力，依次进行其余两个压力下的过滤操作。

全部过滤洗涤结束后，关闭 VA13，开始 VA12，盖住配浆槽盖，开启 VA14，用压缩空气将加压罐内的剩余悬浮液送回配浆槽内贮存，关闭 VA05。

清洗加压罐及其液位计，开启 VA15，使加压罐保持常压。关闭 VA17，开启 VA16，让清水洗涤液位计，以免剩余悬浮液沉淀，堵塞液位计、管道和阀门等。

关闭 VA13，停压缩机。

五、注意事项

（1）实验完成后，应将装置清洗干净，防止堵塞管道。

（2）长期不用时，应将槽内的水放干净。

六、实验数据记录及处理

（1）实验设备编号：_____；液温：_____；压力：_____；过滤面积：_____；轻质 $MgCO_3$ 固体粉末的质量：_____；水量：_____。

（2）数据记录和数据计算结果填入表 3-25 和表 3-26。

表 3-25 数据记录表

编号	m/g	$\Delta m/g$	T/s	$\Delta t/s$	$\Delta V/L$	$\Delta q/(m^3 \cdot m^{-2})$	$q/(m^3 \cdot m^{-2})$	$\Delta t/\Delta q/(s \cdot m^{-1})$
0								
1								
2								
3								
4								
5								
6								
7								
8								

表 3-26 数据结果表

料液浓度	轻质 $MgCO_3$ 密度		水量/L	料液质量/kg	w 质量含量	φ 体积含量
实验结果	斜率	截距	$K/(m^2 \cdot s^{-1})$	$q_e/(m^3 \cdot m^{-2})$	t_e/s	比阻 r/m^{-2}

 思考题

1. 为什么过滤开始时，滤液常常有一点混浊，过一段时间才清澈？

2. 不同压差下的 q_e 是否相同？q_e 受哪些因素影响？

3. 料液浓度和料液温度对 K 值有何影响？

4. 影响过滤速率的因素有哪些？

实验十一　膜分离实验

一、实验目的

（1）了解并掌握膜分离原理。

（2）了解并掌握膜污染及其清洗方法。

（3）掌握多通道管式超滤膜、膜组件的结构及基本流程。

（4）掌握表征膜分离性能参数（截留率、膜通量、截留相对分子质量粒径分离效率等）的测定方法。

（5）测定并讨论膜面流速、操作压差、原料液性质等操作条件对膜分离性能的影响。

二、实验原理

膜分离技术是利用半透膜作为选择分离层，允许某些组分透过而保留混合物中其他组分，从而达到分离提纯目的的一类新兴的高效分离技术，其推动力是膜两侧的压差、浓度差或电势差，适用于对双组分或多组分液体或气体进行分离、分级、提纯或富集。

膜是两相之间的选择性屏障，选择性是膜或膜过程的固有特性。由压力推动的膜过程的显著特征是溶剂为连续相而溶质浓度相对较低，在压力的作用下，溶剂和部分溶质分子或颗粒通过膜，而另一些分子或颗粒则被截留。截留程度取决于溶质颗粒或分子的大小及膜结构。压力推动的膜分离过程分为反渗透、超滤、微滤、纳滤，它们之间没有明确的分界线，都以压力为驱动力，溶质或多或少被截留，截留物质的粒径在某些范围内相互重叠。膜分离过程示意图如图 3-24 所示，原料混合物通过膜后被分离成截留物（浓缩物）和透过物。通常原料混合物、截留物及透过物为液体或气体，因此可在膜的透过物一侧加入一个清扫流体以帮助移除透过物。膜可以是薄的无孔聚合物膜，也可以是多孔聚合物、陶瓷或金属材料的薄膜。

图 3-24　膜分离过程示意图

膜的分离透过特性一般通过截留率、膜通量、截留相对分子质量、粒径分离效率等参数来表示。

（1）截留率 R 指分离前后被分离物质的截留百分数，其计算式为

$$R = [(C_1 - C_2)/C_1] \times 100\%$$

式中：C_1、C_2——原料、透过液中被分离物质（如盐、微粒和大分子等）的浓度。

（2）**膜通量（透过速率）** J 指单位时间、单位膜面积上的透过物量，常用的单位为 kmol/（$m^2 \cdot s$）或 m^3/（$m^2 \cdot s$）。由于操作过程中膜的压密、堵塞等原因，膜通量将随时间减少。膜通量与时间的关系一般可表示为

$$J = J_0 t^m$$

式中：J_0——初始操作时的膜通量；

　　　t——操作时间；

　　　m——衰减指数。

膜通量的影响因素主要有膜管孔径、操作压差（膜管内外的压差，即跨膜压差）、膜面流速（在膜管内流动的实际流体流速）、料浆浓度、温度、酸碱性（pH 值）等。

（3）**截留相对分子质量**：若对溶液中的大分子物质进行分离，则截留相对分子质量在一定程度上反映膜孔径的大小，但由于多孔膜孔径大小不尽相同，截留相对分子质量将在一定范围内分布。所以，一般取截留率为 90% 的物质的相对分子质量作为膜的截留相对分子质量。截留率大、截留相对分子质量小的膜通常膜通量低，故选择时需在两者之间权衡。

（4）**粒径分离效率**：若对悬浮液中的固体颗粒进行分离，则粒径大于膜孔径的固体颗粒被截留，粒径小于膜孔径的固体颗粒部分透过膜孔进入透过液，部分依然被截留。测定悬浮液和透过液中的固体颗粒的粒径分布和浓度，即可计算出粒径分离效率。

三、实验装置

（1）超滤膜分离实验装置如图 3-25 所示。中空纤维超滤膜组件（简称膜组件）规格为：PS10，截留相对分子质量 10 000，内压式，膜面积 0.1 m^2，纯水通量 3~4 L/h；PS50，截留相对分子质量 50 000，内压式，膜面积 0.1 m^2，纯水通量 6~8 L/h；PP100，截留相对分子质量 100 000，外压式，膜面积 0.1 m^2，纯水通量 40~60 L/h。

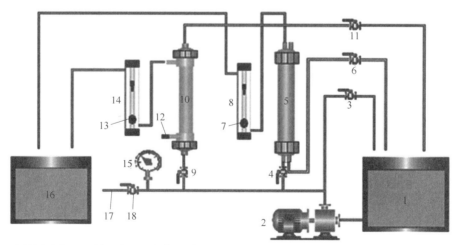

1—原料液水箱；2—循环泵；3—旁路调压阀 1；4、9—进口阀；5—膜组件 PP100；6、11—浓缩液阀；

7、13—流量计阀；8、14—透过液转子流量计；10—膜组件 PS10；12—反冲口；

15—压力表；16—透过液水箱；17—反冲洗管路；18—反冲洗阀。

图 3-25　超滤膜分离实验装置

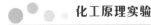

本实验中将 PVA 原料液由循环泵 11 输送，经粗滤器和精密过滤器过滤后经转原料液子流量计计量后从下部进入膜组件中，经过膜分离将 PVA（聚乙烯醇）原料液分为两股：一股是透过液——透过膜的稀溶液（主要由小分子物质构成），经透过液转子流量计 8、14 计量后回到透过液水箱 15；另一股是浓缩液——未透过膜的溶液（浓度高于原料液，主要由大分子物质构成），回到原料液水箱。溶液中 PVA 的浓度采用 751 型分光光度计分析。在进行一段时间实验以后，膜组件需要清洗。反冲洗时，只需向透过液水箱 15 中接入清水，打开反冲洗阀 18，其他操作与分离实验相同。膜组件容易被微生物侵蚀而损伤，故在不使用时应加入保护液。在本实验中，拆卸膜组件后需要加入保护液（1%~5% 甲醛溶液）来保护膜组件。

循环泵的参数如下。

电源：约 220 V。

功率：90 W。

最高工作温度：50 ℃。

最高工作压力：0.1 MPa。

（2）纳滤、反渗透膜分离实验装置如图 3-26 所示。

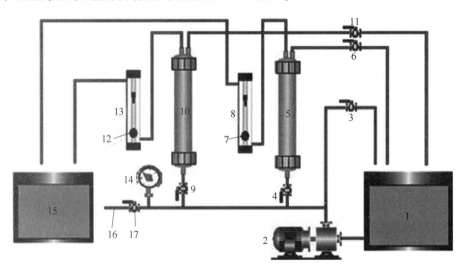

1—原料液水箱；2—循环泵；3、4、9—旁路调压阀；5—反渗透膜组件；6、11—浓缩液阀；
7、12—流量计阀；8、13—透过液转子流量计；10—纳滤膜组件；14—压力表；
15—透过液水箱；16—反冲洗管路；17—反冲洗阀。

图 3-26 纳滤、反渗透膜分离实验装置

纳滤膜组件：纯水通量 12 L/h，膜面积 0.4 m^2，脱盐率 40%~60%，操作压力 0.6 MPa。

反渗透膜组件：纯水通量 10 L/h，膜面积 0.4 m^2，脱盐率 90%~97%，操作压力 0.6 MPa。

循环泵的参数如下。

电源：约 220 V。

泵电源：DC 24 V。

功率：50 W。

最高工作温度：50 ℃。

最高工作压力：0.8 MPa。

四、实验步骤

1. 实验前的准备工作

（1）PVA 标准溶液的配制。准确称取 105~110 ℃烘至恒重的 PVA 0.1 g，加入适量蒸馏水，加热溶解，冷却后稀释至 1 L，制得 100 µg/mL 的标准溶液。

（2）硼酸溶液的配制。40 g 硼酸用纯水溶解于 500 mL 烧杯中，移至 1 000 mL 容量瓶中，稀释至刻度。

（3）碘–碘化钾溶液的配制。12.7 g 升华过的碘及 25 g 碘化钾用纯水溶解于 500 mL 烧杯中，移至 1000 mL 棕色容量瓶中，稀释至刻度。

（4）打开 751 型分光光度计预热。

（5）标准系列溶液的配制。分别吸取上述 PVA 标准溶液 1.00 mL、2.00 mL、3.00 mL、4.00 mL、5.00 mL、6.00 mL、7.00 mL、8.00 mL 于 8 个 50 mL 容量瓶中，加入 10.00 mL 硼酸溶液及 2.00 mL 碘–碘化钾溶液，用蒸馏水稀释至刻度摇匀，得到一系列颜色逐渐加深的蓝绿色溶液，蓝绿色是 PVA 与碘在硼酸介质中形成络合物的缘故，在另一个 50 mL 容量瓶中配制试剂空白作参比溶液。

（6）标准曲线的绘制。在 PVA 与碘生成的络合物的最大吸收波长 640 nm 处，用1 cm 比色皿，分别测得上述标准系列溶液相对应的吸光度，以吸光度 A 为纵坐标，以 PVA 标准溶液加入的体积 V 为横坐标，绘制标准曲线。

2. 实验操作

（1）用自来水清洗膜组件 2~3 次，洗去组件中的保护液。排尽自来水，安装膜组件。

（2）打开旁路调压阀 3，关闭旁路调压阀 4、阀 9 及反冲洗阀 17。

（3）将配制好的原料液加入原料液水箱 1 中，分析原料液初始浓度并记录。

（4）开启电源，循环泵正常运转，这时开启循环水。

（5）选择需要做实验的膜组件，打开相应的进口阀，如选择做超滤膜分离时，打开进口阀 3。

（6）旁路调压阀 3 和浓缩液阀 6、11 相互配合，调节膜组件的压力。超滤膜组件的压力为 0.04~0.07 MPa；纳滤、反渗透膜组件的压力为 0.4~0.6 MPa。

（7）启动循环泵，稳定运转 5 min 后，分别取透过液和浓缩液样品，用 751 型分光光度计分析样品中 PVA 的浓度。然后改变流量，重复进行实验，总共测 1~3 组。期间注意膜组件进口压力的变化情况，并做好记录，实验完毕后方可停循环泵。

（8）清洗膜组件。待膜组件中原料液放尽之后，用自来水代替原料液，在较大流量下运转 20 min 左右，清洗超滤膜组件中残余的原料液。

（9）实验结束后，把膜组件拆卸下来，加入保护液至膜组件的 2/3 处。然后密闭系统，避免保护液损失。

（10）将 751 型分光光度计清洗干净，放在指定位置，切断电源。

实验结束后检查水、电，确保所用系统的水、电关闭。

五、注意事项

（1）循环泵启动前一定要灌泵，即将泵体内充满液体。

（2）样品取样方法：从原料液水箱 1 中用移液管吸取 5 mL 浓缩液配成 100 mL 溶液；同时，在透过液出口端和浓缩液出口端，分别用 100 mL 烧杯接取透过液和浓缩液各约 50 mL，然后用移液管从烧杯中吸取透过液 10 mL、浓缩液 5 mL 分别配成 100 mL 溶液。烧杯中剩余的透过液和浓缩液全部倒入原料液水箱 1 中充分混匀后再进行下一个流量实验。

（3）分析方法：PVA 浓度的测定方法是先用发色剂使 PVA 显色，然后用 751 型分光光度计测定。

首先测定工作曲线，然后测定浓度。吸收波长为 690 nm。具体操作步骤如下：取定量中性或微酸性的 PVA 溶液加入 50 mL 的容量瓶中，加入 8 mL 发色剂，然后用蒸馏水稀释至标线，摇均匀并静置 15 min 后，测定溶液吸光度，经查标准工作曲线即可得到 PVA 溶液的浓度。

（4）进行实验前必须将保护液从膜组件中放出，然后用自来水认真清洗，除掉保护液；实验后，也必须用自来水认真清洗膜组件，洗掉膜组件中的 PVA，然后加入保护液。加入保护液的目的是防止系统生菌和膜组件干燥而影响分离性能。

（5）若长时间不用实验装置，应将膜组件拆下，用去离子水清洗后，加上保护液以保护膜组件。

（6）受膜组件工作条件限制，实验操作压力须严格控制：建议操作压差不超过 0.10 MPa，工作温度不超过 45 ℃，pH 值为 2~13。

六、实验数据记录及处理

1. 截留率

PVA 的截留率 R 用下式表示：

$$R = (C_0 - C_1)/C_0 \tag{3-90}$$

式中：C_0——原料液初始浓度；

C_1——透过液浓度。

2. 膜通量

膜通量用下式表示：

$$J = V/St \tag{3-91}$$

式中：J——膜通量；

V——透过液体积；

S——膜面积；

t——实验时间。

3. 浓缩因子

浓缩因子用下式表示：

$$N = C_2/C_0 \qquad (3-92)$$

式中：N——浓缩因子；

C_2——浓缩液浓度；

C_0——原料液初始浓度。

实验数据记录及数据计算结果填入表 3-27。

表 3-27　实验数据记录及数据计算结果

实验条件		流量 $V/(\mathrm{m}^3 \cdot \mathrm{h}^{-1})$			浓度 $C/(\mathrm{g} \cdot \mathrm{cm}^{-3})$			R	J	N
室温/℃	压力/MPa	原料液	透过液	浓缩液	原料液	透过液	浓缩液			

思考题

1. 膜通量随操作压差、膜面流速和膜孔径如何变化？为什么？

2. 原料液性质，如浓度、黏度和 pH 对膜分离性能有何影响？

3. 随着分离时间的进行，为什么膜通量越来越低？

4. 进行膜组件清洗时，为什么要关闭渗透侧？

5. 常用的膜分离技术有哪些？其特点和用途各是什么？

实验十二　温度标定实验

一、实验目的

（1）了解温度的标定方法。

（2）利用 QJ57P 型直流电阻电桥和标准铂电阻标定热电偶及热电阻，并绘制关系曲线。

二、实验原理

在生产制造热电偶和热电阻的过程中，由于生产工艺的限制，很难保证生产出来的热敏元件都具有相同的特性；此外，由于某些热敏元件自身的特性，如热电偶在低温时具有一定的非线性，故在使用这些热敏元件进行精密测量时，需要先对它们进行标定，即要找到这些元件在不同温度下的测量值与真实值之间的偏差，进而对测量值进行修正，使其具有较高的测量精度。其标定方法因实际需求的不同而异，本实验中，真实温度通过 QJ57P 型直流电阻电桥和标准铂电阻测出，温度和电阻值符合关系（$T = a + bR$），被标定的热电偶、热电阻测量温度由仪表读出，热源温度在 0～100 ℃ 之间，采用恒温水浴。

三、实验装置

温度标定实验装置如图 3–27 所示。

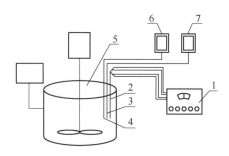

1—QJ57p 型直流电阻电桥；2—标准铂电阻；3—热电阻；4—热电偶；5—水浴；
6—热电偶温度显示表；7—热电阻温度显示表。

图 3–27　温度标定实验装置

四、实验步骤

（1）接通电源，将水浴温度恒定在某一数值。

（2）测量标准铂电阻的电阻值，计算出当前的标准温度。

（3）通过热电偶温度显示表 6、热电阻温度显示表 7 读出热电偶、热电阻的测量温度。

（4）调整水浴温度到另一数值，重复步骤（2）、（3）。

（5）实验结束后，复原设备，关闭电源，清理现场。

五、注意事项

（1）QJ57p 型直流电阻电桥的使用方法请参见相关文献。

（2）在使用 QJ57p 型直流电阻电桥时必须保证有足够的电量。

六、实验数据记录及处理

（1）在直角坐标系中绘制被标定的热电偶、热电阻热量温度与标准温度之间的关系曲线，并求出曲线关系式。

（2）实验数据记录和实验数据计算结果填入表 3-28 和表 3-29。

表 3-28 实验数据记录

序号	设定水浴温度/℃	标准铂电阻值/Ω	被标定的热电偶测量温度/℃	被标定的热电阻测量温度/℃
1				
2				
...				
10				

表 3-29 实验数据计算结果

序号	设定水浴温度/℃	标准铂电阻值/Ω	a	b	标准温度/℃
1					
2					
...					
10					

 思考题

1. 热电偶和热电阻的标定方法主要有哪几种？

2. 在本实验中，为什么要恒温水浴一段时间再读取数据？恒温时间如何确定？

实验十三　压力仪表标定实验

一、实验目的

(1) 了解压力的校正方法。

(2) 利用标准压力传感器标定压力表或真空表，并绘制关系曲线。

二、实验原理

压力表或真空表在长期使用后，测量准确度会发生变化，因此需标定。标定方法如下：将标准压力传感器和压力表（或真空表）与缓冲罐相连，由传感器读出标准压力，由压力表读出测量压力，根据偏差对压力表进行标定（作出关系曲线，供实际测量使用）。压力标定范围是 0~200 kPa，由空气压缩机实现；真空度标定范围是 0~100 kPa，由真空泵实现。

三、实验装置

压力仪表标定实验装置如图 3-28 所示。

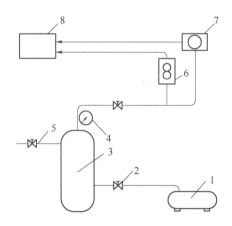

1—空气压缩机（真空泵）；2—进气阀；3—缓冲罐；4—压力表；5—排气阀；
6—被标定的压力表；7—标准压力传感器；8—智能显示仪表。

图 3-28　压力仪表标定实验装置

四、实验步骤

(1) 接通电源，打开空气压缩机 1，调整缓冲罐的进气阀 2 和排气阀 5，使气体进入缓冲罐 3，并注意观察压力表读数，当压力表读数达到某一数值（即最大量程的 80%）时，关闭空气压缩机。

(2) 关闭进气阀 2，待缓冲罐内 3 的气体压力逐渐稳定后，旋转调节阀，读出不同压力下标准压力传感器标准压力和被标定的压力表测量压力。

（3）标定真空表时，用真空泵取代空气压缩机，压力表换为真空表，标准压力传感器换为标准真空传感器，方法同上。

（4）实验结束后，在关闭空气压缩机（真空泵）电源后方可离开。

五、注意事项

（1）标正压力表时，一定要检查传感器是否为标准压力传感器。

（2）标正真空表时，一定要检查传感器是否为标准真空传感器。

（3）读数前要观察并调整标准压力传感器的零点数值。

（4）必须等到缓冲罐中压力稳定后再读数。

六、实验数据记录及处理

（1）在直角坐标系中绘制出被标定的压力表测量压力与标准压力传感器标准压力的关系曲线，并求出曲线关系式。

（2）实验数据记录填入表3-30。

表 3-30　实验数据记录

序号	被标定的压力表读数/kPa	标准压力传感器读数/kPa	被标定的真空表读数/kPa	标准真空传感器读数/kPa

 思考题

1. 压力表的标定方法主要有哪几种？

2. 为什么要等缓冲罐中压力稳定后再读数？

附录 A   法定计量单位及换算

表 A-1   基本单位

量的名称	单位名称	符号
长度	米	m
质量	千克（公斤）	kg
时间	秒	s
电流	安培	A
热力学温度	开尔文	K
物质的量	摩尔	mol
光强度	坎德拉	cd

表 A-2   常用物理量单位及因次

物理量	符号（名称）	单位	物理量	符号（名称）	单位
质量	m	kg	黏度	μ	kg/(m·s)
力（重量）	$F(W)$	N（牛顿）	功、能、热	W、E、Q	J（焦耳）
压强（压力）	p	Pa（帕斯卡）	功率	P	W（瓦特）
密度	ρ	kg/m^3			

表 A-3   基本常数与单位

名称	符号	数值
重力加速度（标）	g	9.806 65 m/s^2
玻尔兹曼常数	k	1.380 44×10^{-23} J/K
普适气体常数	R	8.314 J/(mol·K)
摩尔体积	V_m	22.413 6×10^{-3} m^3/mol
阿伏伽德罗常数	N_A	6.022 96×10^{23} mol^{-1}
斯特藩-玻尔兹曼常数	σ	5.669×10^{-8} W/(m^2·K^4)
光速（真空中）	c	2.997 93×10^8 m/s

附录 B 化工原理实验中常用数据表

表 B-1 水的物理性质（摘录）

温度 T/°C	压力 p×10⁻⁵/Pa	密度 ρ/(kg·m⁻³)	热含量/(J·kg⁻¹)	比热容 $c_p×10^{-3}$/(J·kg⁻¹·K⁻¹)	热导率 $λ×10^{2}$/(W·m⁻¹·K⁻¹)	黏度 $μ×10^{5}$/(Pa·s)	体积膨胀系数 $α×10^{4}$/K⁻¹	表面张力 $σ×10^{3}$/(N·m⁻¹)	普兰特数 Pr
0	0.006	999.9	0	4.212	55.08	178.78	-0.63	75.61	13.66
10	0.01	999.7	42.04	4.191	57.41	130.53	0.70	74.14	9.52
20	0.02	998.2	83.90	4.183	59.85	100.42	1.82	72.67	7.01
30	0.04	995.7	125.69	4.174	61.71	80.12	3.21	71.20	5.42
40	0.07	992.2	165.71	4.174	63.33	65.32	3.87	69.63	4.30
50	0.12	988.1	200.30	4.174	64.73	54.92	4.49	67.67	3.54
60	0.20	983.2	211.12	4.178	65.89	46.98	5.11	66.20	2.98
70	0.31	977.8	292.99	4.167	66.70	40.60	5.70	64.33	2.53
80	0.47	971.8	334.94	4.195	67.40	35.50	6.32	62.57	2.21
90	0.70	965.3	376.38	4.208	67.98	31.48	6.95	60.71	1.95
100	1.01	958.4	419.19	4.220	68.21	28.24	7.52	58.84	1.75
110	1.43	951.6	461.34	4.233	68.44	25.89	8.08	56.88	1.60
120	1.99	943.1	503.67	4.250	68.56	23.73	8.64	54.82	1.47
130	2.70	934.9	546.38	4.266	68.56	21.77	9.17	52.86	1.35
140	3.62	926.1	589.08	4.287	68.44	20.10	9.72	50.70	1.26

表 B-2　干空气的物理性质　($p=0.101$ MPa)

温度 $T/^\circ\mathrm{C}$	密度 $\rho/(\mathrm{kg \cdot m^{-3}})$	比热容 $c_p \times 10^{-3}/(\mathrm{J \cdot kg^{-1} \cdot K^{-1}})$	热导率 $\lambda \times 10^2/(\mathrm{W \cdot m^{-1} \cdot K^{-1}})$	黏度 $\mu \times 10^5/(\mathrm{Pa \cdot s})$	普兰特数 Pr
-20	1.395	1.009	2.279	1.62	0.716
-10	1.342	1.009	2.360	1.67	0.712
0	1.293	1.005	2.442	1.72	0.707
10	1.247	1.005	2.512	1.77	0.705
20	1.205	1.005	2.591	1.81	0.703
30	1.165	1.005	2.673	1.86	0.701
40	1.128	1.005	2.756	1.91	0.699
50	1.093	1.005	2.826	1.96	0.698
60	1.060	1.005	2.896	2.01	0.696

表 B-3　某些气体的重要物理性质　($p=0.101$ MPa)

序号	名称	分子式	相对分子质量	密度 $\rho/(\mathrm{kg \cdot m^{-3}})$	$K=c_p/c_V$	黏度 $\mu \times 10^5/\mathrm{Pa \cdot s}$	沸点 $/^\circ\mathrm{C}$	汽化潜热 (101.3 kPa) $/(\mathrm{kJ \cdot kg^{-1}})$	热导率 (0 ℃) $/(\mathrm{W \cdot m^{-1} \cdot K^{-1}})$
1	空气	—	28.9	1.293	1.40	17.3	-195	197	0.024 4
2	氧	O_2	32	1.429	1.40	20.3	-132.98	213	0.024 0
3	氮	N_2	25.02	1.251	1.40	17.0	-195.78	199.2	0.022 8
4	氢	H_2	2.016	—	1.407	8.42	-252.75	454.2	0.163
5	二氧化碳	CO_2	44.01	1.976	1.30	13.7	-78.2	574	0.007 7
6	二氧化硫	SO_2	64.07	2.927	1.25	11.7	-10.8	394	0.040 0
7	二氧化氮	NO_2	46.01	—	1.31	—	21.2	712	
8	硫化氢	H_2S	34.08	1.539	1.30	11.66	-60.2	548	0.013 1

表 B-4 某些液体的重要物理性质 ($p = 0.101$ MPa)

序号	名称	分子式	相对分子质量	密度 (20 ℃)/(kg·m⁻³)	沸点/℃	汽化潜热/(kJ·kg⁻¹)	比热容 (20 ℃)/(kJ·kg⁻¹·K⁻¹)	黏度 (20 ℃)/(Pa·s)	热导率 (20 ℃)/(W·m⁻¹·K⁻¹)	体积膨胀系数 (20 ℃) α×10⁴/℃⁻¹	表面张力 σ×10³/(N·m⁻¹)
1	水	H_2O	18.02	998	100	2 258	4.183	1.005	0.599	1.82	72.8
2	盐水 (25%)	NaCl	—	1186(25 ℃)	107	—	3.39	2.3	0.57(30 ℃)	(4.4)	—
3	盐水 (25%)	CaCl	—	1228	107	—	2.89	2.5	0.57	(3.4)	—
4	硫酸	H_2SO_4	98.08	1831	304(分解)	—	1.47(98%)	23	0.38	5.7	—
5	硝酸	HNO_3	63.02	1513	86	481.1	—	1.17(10 ℃)	—	—	—
6	盐酸 (30%)	HCl	36.47	1149	—	—	2.55	2(31.5%)	0.42	—	—
7	三氯甲烷	$CHCl_3$	119.38	1489	61.2	253.7	0.992	0.58	0.138(30 ℃)	12.6	28.5(10 ℃)
8	四氯化碳	CCl_4	153.82	1594	76.8	195	0.850	1.0	0.12	—	26.8
9	三氯乙烷-1,2	C_2H_4Cl2	98.96	1253	83.6	324	1.200	0.83	0.14(50 ℃)	—	30.8
10	苯	C_6H_6	78.11	879	80.10	393.9	1.704	0.737	0.148	12.4	28.6
11	甲苯	C_7H_8	92.13	867	110.63	363	1.700	0.675	0.138	10.9	27.9

参考文献

[1] 崔克清. 安全工程大辞典[M]. 北京：化学工业出版社，1995.

[2] 张金利，郭翠梨. 化工原理实验[M]. 2版. 天津：天津大学出版社，2016.

[3] 李云雁，胡传荣. 试验设计与数据处理[M]. 2版. 北京：化学工业出版社，2008.

[4] 陈敏恒. 化工原理（上、下册）[M]. 4版. 北京：化学工业出版社，2015.

[5] 王森，纪纲. 仪表常用数据手册[M]. 2版. 北京：化学工业出版社，2006.

[6] 张伟光，李金龙，王欣. 化工原理实验[M]. 北京：化学工业出版社，2017.

[7] 丁海燕. 化工原理实验[M]. 2版. 青岛：中国海洋大学出版社，2013.

[8] 张兴晶，王继库. 化工基础实验[M]. 北京：北京大学出版社，2013.

[9] 伍钦. 化工原理实验[M]. 广州：华南理工大学出版社，2014.

[10] 马江权，魏科年，韶晖，等. 化工原理实验[M]. 3版. 上海：华东理工大学出版社，2016.

[11] 郭翠梨. 化工原理实验[M]. 北京：高等教育出版社，2013.

[12] 熊航行，许维秀. 化工原理实验[M]. 北京：化学工业出版社，2016.

[13] 周立清，邓淑华，陈兰英. 化工原理实验[M]. 广州：华南理工大学出版社，2015.

[14] 史贤林，张秋香，周文勇，等. 化工原理实验[M]. 北京：化学工业出版社，2019.

[15] 程远贵. 化工原理实验[M]. 成都：四川大学出版社，2018.

[16] 孙尔康，张剑荣. 化工原理实验[M]. 南京：南京大学出版社，2017.

[17] 林爱光. 化学工程基础[M]. 北京：清华大学出版社，1999.

[18] 陈兆能. 试验分析与设计[M]. 上海：上海交通大学出版社，1991.

[19] 杨祖荣. 化工原理实验[M]. 2版. 北京：化学工业出版社，2014.